La BIBLIA en la INNOVACIÓN

para la
4ª Revolución Industrial

... para responder a los desafíos
de la nueva era industrial.

Fabián Martínez y Villegas

México, 2021

Instituto Mexicano de
Innovación y Estrategia, A.C.

La BIBLIA en la INNOVACIÓN
para la 4ª Revolución Industrial

Fabián Martínez y Villegas

Derechos reservados 2021

Comentarios sobre el contenido de este libro
martinezvillegasfabian@gmail.com
55 1592 9601

Queda rigurosamente prohibido la reproducción total o parcial de este libro, ni su incorporación a un sistema informático, ni su transmisión en cualquier forma o por cualquier medio, sea electrónico, mecánico, por fotocopia, por grabación u otros sistemas, sin el permiso previo y por escrito del autor.
La infracción de los derechos mencionados, puede ser constitutiva de delito contra la propiedad intelectual (Art. 270) y siguientes del Código Penal.

Instituto Mexicano de Innovación y Estrategia, A.C.
www.cursosdeinnovacionycreatividad.com

ISBN 9798729453061

IMPRESO EN MÉXICO
(Printed in México)

Representante exclusivo para programas de innovación y conferencias, dirigirse a:

Desarrolladora de Negocios y Punto, S.A. de C.V.
Corporativo Up Town
Anillo Vial Fray Junipero Serra PAD-07 5to. Piso
Col El Salitre Delegación Epigmenio González
C.P. 76223 Querétaro, Qro.
442 800 1688 y 55 159 29601

Instituto Mexicano de
Innovación y Estrategia, A.C.

Corona de los viejos son los nietos.
(Proverbios 17:6)

A Melissa y Ania,

mis pequeñas y muy amadas nietas, quienes D.M., estarán inmersas en la 4ª Revolución Industrial. Les deseo que se preparen intensamente para que no sean simples espectadoras pasivas que solo existan, sino protagonistas activas que participen plenamente en esta nueva era industrial que les ha tocado vivir.

Índice

9 | Introducción

1. La profecía de la 4ª Revolución Industrial
15 — Una nueva Revolución Industrial
18 — Profeta de la 4ª Revolución Industrial
22 — Binomio conocimiento-velocidad
25 — Acciones para la innovación

2. El primer innovador y el primer tipo de innovación
31 — Innovación para crear valor e innovación tecnológica
33 — En el principio
35 — Propósito de la creación
39 — Surgimiento de la innovación tecnológica
41 — Acciones para la innovación

3. El hombre como gran innovador
45 — Preludio de una nueva era industrial
47 — La innovación en la 4ª Revolución Industrial
49 — Caso México
50 — El hombre y su misión de innovar
53 — Acciones para la innovación

4. Lo que podemos aprender de Israel en materia de innovación
59 — Una nación *start-up*
62 — Capacidades y habilidades para la innovación
71 — Acciones para la innovación

5. Design Thinking & System Thinking desde la Creación
75 — Un común denominador
76 — Hay diseño y diseñador
80 — Diseño inteligente
81 — Design Thinking (Pensamiento de diseño)
84 — System Thinking (Pensamiento sistémico)
86 — Acciones para la innovación

6. El pensamiento estratégico para la 4ª Revolución Industrial
91 — Nuevas realidades, nuevas mentalidades
94 — Pensamiento estratégico

101	El CEO con mejor desempeño en la historia de la humanidad
113	Acciones para la innovación

7. Visión transformadora para la 4ª Revolución Industrial

117	Impactado por una visión
118	La visión como realidad virtual
122	Un caso que ilustra el diseño de una visión efectiva
125	Visión transformadora
126	Acciones para la innovación

8. Misión para hacer innovación y crear valor

131	Misión para redimensionar el trabajo
133	Jesús y su misión
135	Cinco principios para una misión efectiva
136	La misión en la 4ª Revolución Industrial
139	Acciones para la innovación

9. El Sermón del Monte llega a la 4ª Revolución Industrial

143	Actuó por sus valores
145	Valores en la 4ª Revolución Industrial
146	Fuente de los valores
148	El valor supremo como supremo valor
153	Acciones para la innovación

10. Singularidad tecnológica o Singularidad bíblica

157	Nacimiento de la inteligencia artificial
159	La IA en la 4ª Revolución Industrial
161	Hacia la inteligencia humana y la singularidad tecnológica
165	Singularidad bíblica
171	Un mensaje final del autor

173	**Apéndice A**
175	Principales tecnologías exponenciales de la 4ª Revolución Industrial

187	**Apendice B**
189	Capacidades fundamentales para la innovación (Plataforma PICAFIN)

197	**Referencias bibliográficas**
205	**Bibliografía General**
211	**Acerca del autor**

INTRODUCCIÓN

Hace varios años, tal vez demasiados, impartía un curso a maestros de la Universidad de San Salvador, en un ambiente bastante agradable ante profesores muy participativos y entusiastas. Al tercer o cuarto día, uno de los participantes se acercó para hacerme una invitación a un evento sobre el cual no me dio mayores detalles. Desde luego que acepté, por la atención que ese joven maestro me había mostrado desde el primer día cuando llegué a la universidad.

En el camino platicamos de todo, menos de qué era el evento. Así llegamos al lugar, una casa moderna con un hermoso jardín. De inmediato nos hicieron pasar para encontrar alrededor de 20 personas acomodadas en un atractivo salón decorado con buen gusto, destacaba un librero que además de buenos libros, tenía una serie de bustos de grandes líderes: Churchill, Macarthur, Abram Lincoln, Golda Meir, entre otros. Fue en ese momento cuando me comentaron que en la reunión se llevaban a cabo estudios bíblicos, razón por la cual en cada asiento había una Biblia.

Casi fue un *shock* para mí, porque hasta ese momento yo pensaba de la Biblia como un libro religioso, que era demasiado antiguo el cual nunca me había interesado abrirlo. Tal vez esto me condicionó al inicio de la sesión, de manera que no puse atención a la pequeña introducción que hizo quien desempeñaba el papel de maestro. Sin embargo, una vez que me conecté con el tema y seguí paso a paso la exposición, expulsé mis prejuicios en contra de ese libro y me interesé con todos mis sentidos, hasta que finalizó el estudio. Para mí había sido una extraordinaria experiencia y una gran enseñanza, de manera que hice algunas preguntas que me fueron respondidas con una claridad meridiana, para entender lo que en otras circunstancias difícilmente habría pensado.

El maestro, de quien solo recuerdo su nombre de pila, Bruce, me recomendó con una persona en México para que continuara participando en estudios bíblicos. A mi regreso, de inmediato me puse en contacto y así conocí a David Curry, quien era ejecutivo de una firma de consultoría internacional. Con David, un gran personaje y un estupendo ser humano, tuve una gran enseñanza de la Biblia durante varios años. Más tarde tomé un curso en el Instituto Bíblico de México y continué estudiando bajo mi propia cuenta y riesgo.

Lo interesante de todo ese historial es que, conforme avanzaba en el estudio de la Biblia, encontraba ideas y conceptos prácticos para la vida en general, así como temas estrechamente vinculados con mi ámbito profesional. Esto me dio inspiración para escribir un primer libro sobre la Biblia y la gerencia, al que titulé *La Biblia, Manual de Excelencia Gerencial*.

Años más tarde, participé en un evento de liderazgo en el *Haggai Insitute*, en Hawái, en donde hubo destacadas personalidades presentando interesantes enfoques y conceptos sobre el tema central. Hubo bastante material que estudié, analicé y conecté con lo que ya había aprendido de la Biblia y así, después de profundizar en el tema, escribí a fines de la década de 1990 el libro *La Biblia, el Tratado de Liderazgo Efectivo*. Esta obra fue ampliamente aceptada, tanto por la cantidad de libros vendidos, como por los numerosos eventos a que fui invitado para dar conferencias sobre el tema, en México y en el extranjero.

Era frecuente que al participar en la Semana de la Contaduría de los colegios de contadores afiliados al Instituto Mexicano de Contadores Públicos, A.C., así como en universidades, en los diferentes estados de la República, me preguntaran, antes del evento, si mi conferencia tendría carácter religioso. Claro está que después del evento se daban cuenta de que nada del contenido tenía tintes religiosos, y más aún, se sorprendían del profundo contenido que la Biblia tenía sobre el liderazgo y otros temas afines. Inclusive, frecuentemente hubo casos en que los participantes me comentaban posteriormente, que empezaban a estudiar la Biblia.

Años más tarde, en 2016, Klaus Shwab, director ejecutivo del Foro Económico Mundial de Davos, Suiza, presentó su libro *La 4a. Revolución Industrial*, el cual devoré debido a la importancia e interés de su muy interesante e importante contenido, además de que fue refrendado en los diferentes paneles del Foro Económico Mundial 2016 y del 2017. Estos paneles giraron en torno a tendencias, eventos y tecnologías propias de la cuarta revolución industrial. Los videos de las conferencias más tarde fueron subidos a YouTube; los vi, escuché y estudié, asociando por inercia los temas presentados con lo que dice la Biblia. Mi interés subió de nivel cuando identifiqué la esencia o fuerza motora de la *4a. Revolución Industrial*, como es el avance del conocimiento que han generado las nuevas tecnologías exponenciales, así como la velocidad con que se producen los eventos de cambio, resultado de la aplicación de esas tecnologías. Este es el binomio **conocimientos–velocidad** que hacía más de 2 mil años había sido profetizado y estaba contenido en la Biblia. Este fue el principio para continuar estudiando lo concerniente a la innovación en la *4a. Revolución Industrial*, sus fenómenos, tendencias e ingredientes, que me inspiraron para escribir este libro.

Resalta que en la Biblia están contenidos temas de actualidad, como son la innovación para crear valor, cuándo surgió y quién la inició. En este libro milenario destaca al hombre, diseñado para ser innovador y cumplir con la misión que le asignó el Creador, como también queda de manifiesto con el pueblo de Israel, del cual mucho se puede aprender en materia de innovación. También incluye temas de *Design Thinking y System Thinking*, que ahora son nuevos, pero que Dios aplicó al llevar a cabo Su Creación.

En la Biblia también encontramos a Jesús aplicando capacidades y habilidades que ahora son requeridas entre los directivos para la 4a. Revolución Industrial. Llama la atención que el Sermón del Monte llega a los tiempos actuales, con una aplicación práctica para el establecimiento de valores fundamentales en las organizaciiones, para integrar en pensamiento y acción al personal y, con ello, crear una sólida cultura que produzca valor, ventajas competitivas y otros beneficios.

Y lo más interesante y sorprendente para mí, fue el tema de la inteligencia artificial, no solo por la importancia que tiene, sino por las implicaciones que la comunidad de expertos esperan se produzcan en un cercano futuro. En efecto, uno de ellos, tal vez el más reconocido mundialmente, Ray Kursweild, quien difunde predicciones sobre el destino al que llegará la inteligencia artificial, denominado como la Singularidad Tecnológica; un evento único que se hará realidad cuando la inteligencia artificial alcance el nivel de la inteligencia humana y la supere, para después pasar a la post-singularidad, en la cual el hombre quedaría totalmente rezagado en cuanto a su inteligencia, que sería superada y dominada por las máquinas superinteligentes, las cuales se estima que serían millones de veces más avanzadas que toda la humanidad junta.

Todo parece de ciencia ficción, pero el amplio grupo de expertos, encabezados por Kursweild, lo ven y afirman como una plena realidad, de la cual no hay ni habrá vuelta de hoja, según ellos. En efecto, la comunicad de expertos en el tema, prevén la llegada de la Singularidad Tecnología entre los años 2040 y 2045.

Ante ese evento de la Singularidad Tecnológica y destino del hombre, que es tema obligado entre los expertos de la inteligencia artificial, considero que también hay que tomar en cuenta la Biblia que, entre sus profecías, muchas de las cuales se han cumplido cabalmente, así como las señales de advertencia para los tiempos finales, también se identifica lo que sería la Singularidad Bíblica, que, por las señales contenidas en la propia Biblia, podría acontecer en esos mismos años, entre 2040 y 2045. La pregunta inmediata es, ¿cuál singularidad será la que tenga lugar?

No pasarán muchos años para conocer la respuesta. Seguramente que mucha gente de las generaciones X, Z, milénials, longevos de la *Silent Generation*, más las que se acumulen, podrán ser testigos de lo que suceda. Al tiempo, que tan solo son 20 años y 20 años -como decía un viejo tango- son nada.

Fabián Martínez y Villegas
CDMX. Enero de 2021.

CAPÍTULO

1

Profecía de la 4ª Revolución Industrial

La escala y el alcance del cambio explican por qué la disrupción y la innovación se sienten tan intensamente hoy en día. La velocidad de la innovación en términos tanto de su desarrollo como de su difusión es más alta que nunca.

...el mundo carece de una narrativa consistente, positiva y común que describa las oportunidades y los desafíos de la Cuarta Revolución Industrial, una narrativa que es esencial si queremos empoderar a un conjunto diverso de individuos y comunidades, así como evitar una violenta reacción popular contra los cambios fundamentales en curso.
Klaus Schwab
La Cuarta Revolución Industrial

Una vez que se despliega una nueva tecnología, si no eres parte de la aplanadora, eres parte del camino.
Stewart Brand

Consideramos las Escrituras de Dios como la filosofía más sublime. Encuentro más señales claras de la autenticidad de la Biblia que de cualquier historia profana.
Sir Isaac Newton

UNA NUEVA REVOLUCIÓN INDUSTRIAL

El 9 de enero de 2016, el director del Foro Económico Mundial, Klaus Schwab presentó su libro *The Fourth Industrial Revolution (La Cuarta Revolución Industrial)*. En la introducción de la obra se lee:

> Entre los desafíos más diversos y fascinantes que enfrentamos ahora, el más intenso e importante es entender y dar forma a la nueva revolución tecnológica, que conlleva nada menos que a la transformación del hombre. Estamos en el inicio de una revolución que fundamentalmente está cambiando la forma como vivimos, trabajamos y nos relacionamos. En su nivel, alcance y complejidad, considero que la 4ª Revolución Industrial es algo muy distinto a lo que el hombre ha experimentado anteriormente.[1]

Klaus Schwab precisaba que la primera revolución industrial tuvo lugar entre 1760 y 1840 aproximadamente, periodo en el cual surgió la invención del motor a vapor que mecanizó el trabajo humano, además de la construcción de los ferrocarriles que en conjunto dieron nacimiento a la Revolución Industrial en Inglaterra. Una segunda revolución industrial ocurrió desde fines del siglo XIX a la primera mitad del siglo XX; estaba caracterizada por la aplicación de la línea de ensamblaje aportada por Henry Ford y, asimismo, por el desarrollo de la electricidad, con lo cual se lograban producciones masivas y economías de escala. A esta revolución industrial le siguió la tercera, iniciada en la década de 1960, con la llegada de los *mainframe*, después las minicomputadoras en 1970, las computadoras personales en 1980 y más tarde la internet. Así concluyó el siglo XX, un siglo de grandes cambios que superaban a los ocurridos anteriormente, en la historia de la humanidad.

En el amanecer del siglo XXI, se inicia la 4ª Revolución Industrial o revolución 4.0, como también se le conoce, con el arribo de los *smartphones*, tabletas, computación móvil, las redes sociales como *Facebook, Instagram, Twitter*, así como los avances sustanciales en las llamadas tecnologías exponenciales:

el mundo digital, inteligencia artificial, robótica, aprendizaje de máquinas, internet de cosas, sensores, redes, manufactura aditiva, computación en la nube, computación cuántica, nanotecnología, biotecnología, realidad virtual, realidad aumentada, algoritmos, entre otras tecnologías, que han sido producto del aumento continuo y consistente del conocimiento. (Ver apédice A, Principales tecnologías exponenciales de la 4ª Revolución Industrial)

Resalta en ese escenario la abundancia del conocimiento que crece a ritmos nunca antes alcanzados para generar e impulsar avances en las tecnologías, en las transformaciones y cambios en las organizaciones, así como en la gente, en cuanto a sus formas de comunicarse, trabajar, estudiar, vivir y pensar. Pero, además, todos esos fenómenos y los que coincidan en los escenarios económicos de las organizaciones y de la gente en general, ocurren cada vez a mayor velocidad en un ciclo continuo de crecimiento y avances de carácter exponencial, más que lineal como en el pasado. En consecuencia, el concepto que identifica la fuerza motora de la 4ª Revolución Industrial es el binomio **conocimiento-velocidad**, mismo que se debe tener presente para participar como actor, más que espectador, en este periodo histórico.

Desde luego que el fenómeno de la 4ª Revolución Industrial con su binomio **conocimiento-velocidad** no se presentó directamente al inicio del presente siglo, sino que las condiciones necesarias para que surgiera, gracias a una intensa economía del conocimiento, se empezaron a dar desde la década de 1980. En efecto, por esos años aparecieron las computadoras personales, lo que significó la democratización de la computación, accesible tanto para pequeñas empresas o negocios, como para las personas en general. Sobre todo, se propició la creación y difusión de información, el desarrollo de más conocimiento y el avance de la tecnología digital, así como el marcado incremento en el número de empleados dedicados al procesamiento de datos e información, dentro de las empresas y organizaciones.

Todavía en el contexto de la tercera revolución industrial, economistas, analistas de negocios, académicos, gerentes y expertos en el tema, difundían que la creación de valor y riqueza ya no se sustentaba prioritariamente en los recursos materiales o materias primas, como sucedía en la primera y segunda revoluciones, sino que ahora se encontraba en el tratamiento de información y en el desarrollo y aplicación del conocimiento. Thomas A. Stewart, miembro del consejo editorial de la revista *Fortune*, destacó las capacidades cerebrales que desarrollan conocimiento y otros rubros intangibles que tienen peso en cualquier negocio, y lo llamó capital intelectual, como quedó plasmado el 16 de junio de 1991, en su excelente artículo *"Brain Power, How Intellectual Capital Is Becoming America's Most Valuable Asset"* (Fuerza cerebral. Cómo el capital intelectual está llegando a ser el activo más valioso de América), publicado en la revista *Fortune*.[2]

Tiempo después, Stewart presentó uno de los primeros libros sobre capital intelectual, en el que reafirmaba la importancia del conocimiento y otros intangibles como creadores de riqueza que surgen a partir de la fuerza cerebral:

> El capital intelectual es material intelectual, conocimiento, información, propiedad intelectual, experiencia, que puede utilizarse para crear riqueza. Es la fuerza colectiva del cerebro. Es difícil identificar y todavía más, es difícil asignarlo en la práctica. Pero una vez que se le identifica y explota, usted gana.[3]

De manera paralela, en tiempo e ideas, Leif Edvinsson, alto ejecutivo de Skandia, empresa sueca de servicios financieros con alcance mundial, investigó y aplicó el tema de capital intelectual en su empresa desde fines de la década de 1980. Más tarde sería nombrado director de capital intelectual (1991), el primero en el mundo con ese título directivo. En 1997, salió a la luz, su libro *Intellectual* Capital (Capital intelectual) que de inmediato se convirtió en un *best seller*.

Tanto Stewart como Edvinsson destacaron el papel de las capacidades cerebrales del personal de una organización, mediante las que se maneja la información y se desarrolla conocimiento, además se usan en la creación de tecnología e innovaciones que crean valor y riqueza. Esas capacidades mentales, junto con las bases de datos, patentes, marcas, bases de clientes, identidad corporativa, cultura organizacional y otros intangibles, fueron llamados capital intelectual, un rubro que, no obstante su peso en los negocios, no se registra en contabilidad ni se expresa en los estados financieros.

En este orden de ideas, cabe mencionar a Brian Arthur, autoridad en negocios, y su relación con la complejidad, la tecnología y los mercados financieros. Él señaló que el cambio de una economía industrial de tangibles a una de intangibles, basada en la aplicación del conocimiento, transformaba las bases para crear valor y riqueza. Él acuñó el concepto de *nueva economía*, que Michael J. Mandel utilizó el 30 de diciembre de 1996 en el informe "El triunfo de la Nueva Economía".[4]

Kevin Kelly, editor de la revista *Wired*, fue otro gran impulsor del concepto de la *nueva economía* y del impacto que esta tiene en los negocios y en las organizaciones en general. Kelly puso la cereza en el pastel al publicar su libro *New Rules For The New Economy, 10 Radical Strategies For A Connected World* (Nuevas reglas para la nueva economía, 10 estrategias radicales para un mundo conectado) en 1998, donde Kelly afirmó:

> El nuevo orden económico tiene sus oportunidades y fallas propias y distintas. Si las transformaciones económicas del pasado son guías, quienes juegan con las nuevas reglas prosperarán, mientras que aquellos que las ignoren, fracasarán.
>
> La nueva economía tiene tres características que la distinguen. Es global. Predominan las cosas intangibles; ideas, información, y relaciones, y está intensamente interrelacionada. Estos tres atributos producen un nuevo tipo de mercado y de sociedad que está conectada en una amplia red electrónica.[5]

Los planteamientos anteriores dieron el soporte y la bienvenida al siglo XXI y, con ello, a la 4ª Revolución Industrial, que desde sus inicios demostró un creciente volumen de datos e información, conocimiento, tecnología e innovación, muy superior al periodo inmediato anterior, además de intensificar exponencialmente la velocidad con que se producían todos esos recursos. El binomio **conocimiento-velocidad**, marcó el preámbulo de la nueva era industrial, anunciado por Klaus Schawb como la 4ª Revolución Industrial.

PROFETA DE LA 4ª REVOLUCIÓN INDUSTRIAL

Es evidente que en el tiempo transcurrido en el presente siglo (2001 al 2020) se ha refrendado la 4ª Revolución Industrial como una economía sustentada en el binomio **conocimiento-velocidad**.

De hecho, ha rebasado las expectativas que tenían hombres de negocios, funcionarios públicos, economistas, gerentes y estudiosos de negocios. También hay que recordar que desde principios de la década de 1980, cuando apenas se manifestaba la economía del conocimiento, varios economistas, académicos y gurús de los negocios que la advirtieron, frecuentemente son citados en libros, revistas y otras publicaciones; empero, jamás se hizo ni ha hecho alguna referencia a un célebre personaje que a más de dos mil años, ya había anunciado con una claridad meridiana el binomio **conocimiento-velocidad**, la esencia y fuerza motora de la 4ª Revolución Industrial.

Lo interesante de ese personaje es que no era economista, ni académico, ni gurú de los negocios, sino profeta; un personaje que no advirtió eventos de cambio sino señales mesiánicas; que no predijo tiempos económicos, sino tiempos finales y no lo hizo en el siglo XX, sino alrededor del siglo V antes de Jesucristo, viviendo en una primitiva economía agrícola y dentro de una pequeña área geográfica. El personaje en cuestión es Daniel, considerado el más grande profeta de Israel, nacido en Jerusalén, perteneciente a una familia noble y culta de la tribu de Judá; un gran hombre que brillaba por su profunda humildad e inconmovible fe en Dios. Él, Daniel, profetizó claramente la 4ª Revolución Industrial y su economía del conocimiento.

Como antecedente, hay que señalar que, cuando el pueblo de Israel fue llevado en cautiverio a Babilonia por las fuerzas del rey Nabucodonosor, Daniel y otros jóvenes estaban entre los cautivos. Fiel a la ley de Dios, dotado de justicia y sabiduría, él tenía el don de interpretar sueños y visiones, cualidades que le ganaron las simpatías del rey, para posteriormente llegar a ser primer ministro bajo los reyes Nabucodonosor y Belsasar, y de los reyes persas Darío y Ciro.

Más tarde, Daniel haría su profecía, lo cual es sorprendente si pensamos que él la anunció alrededor de dos mil quinientos años antes de nuestra era, pues en ella se resume la esencia de lo que generarían los acelerados eventos de la 4ª Revolución Industrial. Daniel la contempló durante la economía agrícola en que vivía, cuando el conocimiento era incipiente y poco difundido, mientras que la velocidad máxima con que se desplazaba el hombre en aquella época estaba limitada por la alcanzada a caballo, en un espacio geográfico por demás reducido.

Daniel –que significa Dios es mí juez– escribió en la Biblia un mensaje breve, pero sustancioso y profundo en su contenido, para ser comprendido en los tiempos actuales, es decir, en la 4ª Revolución Industrial del siglo XXI:

> Pero tú Daniel, cierra las palabras y sella el libro hasta el tiempo del fin. Muchos correrán, de aquí para allá y la ciencia se aumentará. *(Daniel 12:4)*

Un mensaje que, meditado a la luz de los fenómenos económicos, sociales y tecnológicos del presente momento, resalta las dos fuerzas motoras que conforman el binomio para crear valor, riqueza y competir en el actual mundo de los negocios: la ciencia se aumentará (conocimiento) y muchos correrán (velocidad). **Conocimiento y velocidad** es la poderosa fuerza que le da el carácter distintivo a la 4ª Revolución Industrial y está presente en sus diferentes eventos y tendencias que influyen en las organizaciones, en todos los sectores de la economía, en nuestro trabajo, profesión y vida en general.

Examinemos los componentes del binomio **conocimiento-velocidad** anunciado por el profeta Daniel:

CONOCIMIENTO

En la versión Reina Valera 1960 de la Biblia, utilizada para el presente libro, la palabra ciencia es la traducción de la palabra *Da'ath*, del original en hebreo, cuyo significado preciso es conocimiento, término que es utilizado en otras versiones de la Biblia y que también da nombre a la actual economía. El concepto de conocimiento ha sido destacado por economistas, analistas de negocios y gerentes que hasta la fecha continúan difundiendo el peso que tiene, no como un recurso más, sino como el recurso fundamental para crear valor y riqueza, idea que otros autores han difundido ampliamente, diciendo:

> El conocimiento es el recurso crítico de la economía actual. El éxito y crecimiento de los negocios dependen de los activos

sustentados en el conocimiento, y muchos hombres de negocios nunca han sido enseñados en el sistema de creación de valor a partir de los conocimientos.[6]

Economistas, directivos, hombres de negocios y académicos con frecuencia comentaban en la década de 1990, que el conocimiento se duplicaba cada cinco años, por lo que ahora en día debe duplicarse en mucho menor tiempo, considerando que ese recurso crece aceleradamente. Cada vez hay un mayor número de universidades, centros de estudio y de investigación; los volúmenes de libros y publicaciones en todos los campos del conocimiento también aumentan y ahora, en este siglo, con la consolidación de la internet, el surgimiento de varios medios digitales móviles – *smartphones*, tabletas, *laptops*–, la proliferación de redes sociales, entre otros medios, contribuyen a incrementar sustancialmente los contenidos y con ello aumentar los volúmenes de información y conocimiento, por lo que no hay duda, seguirán la línea profética de Daniel: "el conocimiento se aumentará", impulsado también por las distintas tecnologías exponenciales, como inteligencia artificial, robótica, aprendizaje de máquinas, aprendizaje profundo, internet de cosas, redes, sensores, impresión en 3D, computación en la nube, computación cuántica, nanotecnología, biotecnología, realidad virtual, realidad aumentada y otras que son propias de la 4ª Revolución Industrial.

VELOCIDAD (Muchos correrán)

Como estamos viendo y viviendo, los tiempos actuales están marcados por la velocidad creciente de los eventos que surgen en el entorno en que vivimos, estos obligan a que "muchos corran" a mayor velocidad, para reaccionar o responder a los eventos de cambio; tal parece que se lucha por "hacer y lograr más en cada unidad de tiempo", porque la velocidad se incrementa día a día en los negocios, en el trabajo, en el desplazamiento de un lugar a otro, en las diversiones, en las aspiraciones y en las formas de vivir en general. Un escenario turbulento en el que, como alguien dijo acertadamente: "Hay que correr para tan sólo permanecer en un mismo lugar".

Algunos expertos que han analizado y dado seguimiento a la velocidad con que se generan los eventos de cambio en la presente revolución, hacen comentarios como:

> ...el más grande cambio a través de los años es el cambio en la velocidad de los negocios; la rapidez en que se toman decisiones de negocios y se desarrollan y venden productos y servicios.[7]
>
> La velocidad de innovación en términos tanto de su desarrollo como de su difusión es más alta que nunca.[8]
>
> La velocidad rige el día. Si tu organización no tiene metodologías *fast track* que proporcionen tecnologías y productos al mercado antes que la competencia, pondrás tu negocio en gran riesgo. La velocidad rige el día...[9]

Sin lugar a duda, la velocidad en el mundo actual se manifiesta en todos los órdenes, ha sido tema de numerosos libros e investigaciones y es fundamental para tomar decisiones, desarrollar proyectos, diseñar estrategias, crear productos y servicios, crear o penetrar en nuevos mercados y lograr ventaja competitiva. La velocidad para pensar y actuar es constante en las decisiones que toman los gerentes, funcionarios públicos, líderes sociales, profesionistas y personas en general. El común denominador es que "muchos están corriendo" para decidir y hacer, como lo advirtió Daniel. Y vaya que corren.

BINOMIO CONOCIMIENTO-VELOCIDAD

El binomio **conocimiento-velocidad** queda plenamente expresado en la 4ª Revolución Industrial, por la rapidez exponencial con que se desarrolla el conocimiento que producen las nuevas tecnologías, pues hace que avancen continuamente en su capacidad y fuerza, sobre una base regular: semestral, anual o bianual. Gordon E. Moore, cofundador de Intel, en 1965, identificó un fenómeno que más tarde sería llamado Ley Moore, la cual dice que "aproximadamente cada dos años se duplica el número de transistores contenidos en un microprocesador, pero además, sus costos se reducen en un cincuenta por ciento". Desde luego que esta ley es empírica, empero, se ha cumplido hasta la fecha, alcanzando a las tecnologías exponenciales, como la inteligencia artificial, robótica, internet de cosas, impresión en 3D, ciencia de nuevos materiales y muchas otras que ya se mencionaron anteriormente, debido a que los microprocesadores son sus ladrillos o elementos vitales, que al avanzar tecnológicamente, también impulsan mejoras exponenciales en estas tecnologías.

No obstante la realidad del crecimiento exponencial y todas sus implicaciones, este todavía no ha sido asimilado por muchos hombres de negocios, directivos y gerentes en general, quienes continúan viendo los acontecimientos de la 4ª Revolución Industrial con una mente lineal, acostumbrada a ver el futuro como una extensión del pasado, a contemplar avances como resultado de cambios incrementales y a hacer más de lo que ha tenido éxito en el pasado. Empero, la diferencia entre lo lineal con lo exponencial es abismal, así como la que existe entre la forma de pensar lineal y exponencialmente. Para tener una idea de esta tremenda diferencia, escuchemos a expertos de la Universidad de la Singularidad, Peter H. Diamandis y Steven Kotler, que en su libro *Bold, How to Go Big, Create Wealth, Impact the World*, (Audaz, cómo avanzar en grande, crear riqueza e impactar al mundo), lustran objetivamente esa gran diferencia que influye radicalmente en la forma de pensar, tanto de los actores como de los espectadores de la 4ª Revolución Industrial:

> Si caminamos un metro por cada paso avanzado 1, 2, 3, 4... hasta 30, al final habríamos caminado 30 metros; es una forma de avanzar linealmente; pero si avanzamos exponencialmente, entonces sería 1, 2, 4, 8, 16, 32..., es decir, cada paso andado representaría un avance del doble de metros recorridos en el paso inmediatamente anterior. De esta forma, al dar el paso 30, habríamos avanzado un billón de metros, equivalente a darle 26 vueltas a la tierra.[10]

Por su parte, Ray Kurzweil, experto en informática, inteligencia artificial, futurólogo y actualmente director de ingeniería en Google, presentó los resultados de sus investigaciones que confirmaban el impulso que en el futuro seguiría el binomio **conocimiento-velocidad**:

Un análisis de la historia de la tecnología nos muestra que el cambio tecnológico es exponencial, contrario a lo que nos dice el sentido común, que nos da una vista "intuitiva lineal". Así que, hacia el futuro, no esperemos 100 años de progreso en todo el siglo XXI, sino que serán más de 20,000 años de progreso medido al ritmo de los tiempos actuales.[11]

En este panorama de profundos cambios y avances tecnológicos en la 4a. Revolución Industrial, resalta un nuevo género de innovaciones que va mucho más allá de las innovaciones incrementales, características de las anteriores revoluciones industriales, como es ahora, la innovación disruptiva, que es totalmente radical. Un tipo de innovación que, por lo general, incorpora la aplicación de tecnologías exponenciales con resultados sorprendentes que transforman los modelos de negocios, crean nuevos productos, mercados y sectores económicos.

En efectom, con el avance exponencial, las nuevas tecnologías están y estarán aplicándose en los distintos sectores económicos (seguridad, educación, social, ecológico, político), así como en casi todo producto, servicio, proceso, modelo de negocios, estrategia, mercados y en cada área de las empresas y organizaciones que han hecho realidad los automóviles autónomos, drones, asistentes personales, traductores, equipos médicos, hasta plantas industriales completas como son las Industrias 4.0. Las plataformas digitales han transformado el mundo económico y de negocios al crear redes que establecen conexiones entre personas que ofrecen una extensa variedad de bienes y servicios y quienes los demandan. Internet de cosas (IoT) conecta productos y procesos haciéndolos inteligentes; la manufactura aditiva o impresión en 3D hace posible la obtención de implantes, tejidos o bien, partes mecánicas, casas, autos y muchos otros productos. La robótica y los sistemas inteligentes realizan actividades que tradicionalmente han sido privativas del hombre, como son aquellas que requieren tomar decisiones, evaluar situaciones, predecir eventos. Estas transformaciones son producto de la innovación disruptiva, la cual se convierte en la expresión del binomio **conocimiento-velocidad** y divisa de la 4ª Revolución Industrial.

Desde luego que siempre ha habido innovación, cada era industrial ha traído sus propias innovaciones, pero cuando hay un cambio avanzado, ha predominado la innovación radical, como lo fue el motor a vapor que sustituyó la mano de obra para continuar produciendo lo mismo, pero a mayor velocidad y productividad, y a menor costo; lo mismo sucedió con el modelo de producción de Henry Ford, que fue una innovación radical. Pero también hubo, y hay innovación incremental, que es lograr ligeras mejoras en productos, procesos y en la cadena de valor a la vez que se aumenta la productividad o bien se reducen costos. Son mejoras mínimas, que hacen recordar al manual de ingeniería industrial de los años 60, cuando dice: "Siempre hay una forma de hacer mejor las cosas", para sugerir constantes innovaciones incrementales.

La 4ª Revolución Industrial intensifica la dinámica del conocimiento, expresada en las tecnologías exponenciales y la velocidad conque avanzan y producen cambios sorprendentes, aunque más sorprendentes serán los que todavía no existen pero estarán surgiendo en el cercano futuro. No hay la menor duda de que con estos fenómenos se acentuará la producción de innovaciones disruptivas, que a su vez estarán transformando el mundo en todos sus componentes y niveles, así como a las personas en lo que les rodea y en ellas mismas. Son escenarios en que estará vigente la profecía de Daniel: "muchos correrán y la ciencia avanzará" ... y será a una velocidad exponencial.

ACCIONES PARA LA INNOVACIÓN:

Ante el impacto que tiene el binomio **conocimiento-velocidad** en los presentes y futuros escenarios económicos y de negocios, así como en las prácticas y toma de decisiones para dirigir empresas y organizaciones, los gerentes, funcionarios públicos, líderes y profesionistas de todos los campos deben tener presente ciertos lineamientos para actuar de manera congruente con las realidades de la 4ª Revolución Industrial:

- Las empresas y organizaciones en general deben tener una narrativa de lo que es la 4ª Revolución Industrial, sus tecnologías —robótica, inteligencia artificial, impresión en 3D, internet de cosas, entre otras— y sus desafíos y oportunidades, de manera que el personal conozca el impacto que probable y posiblemente tendrá en la misma empresa, en el trabajo que ellos desempeñan y en su futuro.

- La empresa debiera apoyar al personal a que se prepare para responder a las transformaciones que estarán viviendo en un futuro cercano, que lo obligará a desaprender lo viejo y aprender nuevos conocimientos, desarrollar nuevas capacidades y habilidades, según las realidades económicas y tecnológicas propias de esta era industrial.

- Los gerentes deben conocer el binomio **conocimientos-velocidad** y los efectos que tendra en su organización, que deberá ser más intensiva en información y conocimientos, así como también deberá elevar su capacidad de respuesta a los eventos de entorno, a las demandas de clientes, a las acciones de la competencia y a la necesidad de hacer innovación en sus productos, servicios, procesos y modelos de negocios, acorde a las exigencias de la nueva era industrial.

- Hacer prácticas y ejercicios para cambiar la tradicional forma de pensar lineal y cultivar un pensamiento exponencial, puesto que la competencia conlleva a una guerra de tiempos de respuesta y de la capacidad de aprender y estar informado.

- Hacer reuniones para formular aquellas preguntas que no se han hecho con anterioridad y que permitan ver hacia el futuro, no por lo que son las cosas, sino por lo que podrían ser. Entre esas preguntas están las siguientes:

¿Qué efectos tendría el binomio **conocimientos–velocidad** en la empresa, en su modelo de negocios, productos, servicios, procesos, cadena de valor y en su personal, y qué debieran hacer para responder a las nuevas realidades de la nueva era industrial?

¿Los gerentes tienen una idea clara sobre lo que significa el crecimiento y avances exponenciales de las nuevas tecnologías y los efectos que podrían tener en los productos, servicios, procesos y modelos de negocios?

¿Qué pasaría si surge un competidor ofreciendo productos que incluyan algunas de las nuevas tecnologías, además de otros beneficios que en conjunto proporcionen mucho más valor?

Por último, debe quedar claro que aun cuando algunos autores hablan de nuevas eras económicas (era molecular, era cognitiva u otros conceptos), estas son más bien extensiones de la actual economía del conocimiento, porque dichas eras, a pesar de que están planteadas en relación con una nueva tecnología, todas ellas están sustentadas en el binomio **conocimiento-velocidad**. Consecuentemente, no habrá otra era radicalmente distinta como lo fue la agrícola, la industrial y ahora la del conocimiento, al menos en un futuro próximo. Por tanto, el binomio **conocimiento-velocidad**, llegó para quedarse "hasta el fin", si entendemos en un sentido literal las palabras proféticas de Daniel, cuando dijo: "hasta el tiempo del fin, muchos correrán, y el conocimiento se aumentará". Todo es cuestión de tiempo...

CAPÍTULO

2

El primer innovador y el primer tipo de innovación

Para seguir siendo competitivo, tanto las empresas como los países deben ubicarse en la frontera de la innovación en todas sus formas, lo que significa que las estrategias que se centran principalmente en la reducción de costos serán menos eficaces que las que se basen en ofrecer productos y servicios de maneras más innovadoras.
Klaus Schwab
La Cuarta Revolución Industrial

El florecimiento de las personas llega al aceptar lo nuevo: nuevas situaciones, nuevos problemas, nuevas opciones y nuevas ideas por desarrollar y compartir. De forma similar, la prosperidad a nivel de naciones (florecimiento de las masas) llega del amplio involucramiento de su gente en los procesos de innovación: la concepción, desarrollo y difusión amplia de nuevos métodos y productos; -innovación que surge entre el pueblo mismo.
Edmund Phelps
Premio Nobel en Economía
Mass Flourishing

La imaginación es el principio de la creación, Usted imagina lo que desea, Usted será lo que imagina, Y finalmente, usted creará lo que quiere.
George Bernard Shaw

No podemos leer la historia de nuestro surgimiento y desarrollo como nación sin reconocer el lugar que la Biblia ha ocupado en la formación de los avances de la República.
Franklin D. Roosevelt

INNOVACIÓN PARA CREAR VALOR E INNOVACIÓN TECNOLÓGICA

Hace un par de años, cuando el autor participaba en un coloquio sobre innovación, en UPICSA del IPN, formuló una pregunta al público asistente: ¿Recuerdan quiénes han sido considerados los padres de la internet?

En realidad, pocos recordaron a los doctores Robert Kahn y Vinton Gray Cerf, considerados como los padres de la internet. El primero, egresado de *City College* de Nueva York, con maestría y doctorado por la Universidad de Princeton y el segundo, Vinton Gray Cerf, de la Universidad de Stanford, con maestría y doctorado en ciencias y científico de la computación. Ellos dedicaron más de 20 años a la innovación tecnológica, hasta culminar con su obra: la internet. Seguramente que durante su trabajo, aun cuando tenían la idea de que sería una nueva red de comunicación, no contemplaron el tremendo alcance e impacto que iba a tener la internet en lo tecnológico, económico y social, que transformaría el mundo, las organizaciones y empresas y a las personas, en la forma de comunicarse, hacer negocios, estudiar, divertirse, trabajar y pensar.

Con la internet, ya como una realidad práctica desde la década de 1990, llegaron, entre muchos otros personajes, Jeff Bezos (Amazon); Sergey Brin y Larry Page (Google); Bill Gates (Microsoft); Steve Jobs (Apple), Mark Elliot Zuckerberg (Facebook) y años más tarde, Travis Kalanich (Uber), Brian Chesky (Airbnb), Elon Musk (Tesla), entre muchos otros. Estos personajes advirtieron oportunidades gracias a la utilización de la internet y a la aplicación de las nuevas tecnologías exponenciales, transformando radicalmente modelos de negocios, creando nuevos productos y produciendo novedosas innovaciones para alcanzar a un mayor número de clientes y proporcionarles más valor y mejor servicio. Ellos hicieron innovación para crear valor, a diferencia de los doctores Kahn y Gray Cerf que hicieron innovación tecnológica. Veamos:

- Jeff Bezos utilizó la internet como una herramienta para llevar al cliente un catálogo de varios cientos de miles de títulos que ninguna librería podría ofrecer y, mucho menos, tener en sus locales físicos.
- Steve Jobs, creó el iPod e iTunes, más tarde el *smartphone* y el iPad, innovaciones que transformaron industrias, organizaciones y modificaron el comportamiento de la gente.
- Sergey Brin y Larry Page, con Google, hicieron realidad la democratización de la información y los conocimientos, para que los usuarios de la Internet, mediante su computadora, tableta o *smartphone*, tuvieran acceso inmediato a la información y a los conocimientos que se han producido en el mundo.
- Travis Kalanich introdujo Uber, que utiliza la internet, computación en la nube, computación móvil, y algunas aplicaciones para conectar personas que tienen un vehículo con personas que necesitan de movilidad.
- Airbnb, siguiendo la misma pauta que Uber, se concentró en conectar personas que quieren alojamiento con personas que tienen espacios disponibles en sus inmuebles.

Los casos anteriores solo pretenden marcar la diferencia entre la innovación tecnológica y la innovación para crear valor. La primera, llevada a cabo por los doctores Kahn y Gray en la creación de la internet, hace ver que para la innovación tecnológica se requiere de gente con conocimientos especializados y de recursos para llevar a cabo investigación científica y tecnológica a fin de desarrollar innovaciones y soluciones.

En cambio, los demás personajes como los anteriormente citados, hicieron innovación para crear valor a partir de ideas que pusieron en práctica al identificar y aprovechar oportunidades que surgieron gracias a la internet, utilizando las nuevas tecnologías y los recursos que tenían a su disposición, además, se centraron en el cliente con el claro propósito de proporcionarle un valor excepcional. La innovación para crear valor se caracteriza por dirigirse a los clientes o usuarios –al conocerlos más allá de sus necesidades– y se lleva a cabo en productos, servicios, procesos o modelos de negocios para finalmente proporcionarles valor superior y hacerles la vida mejor.

El concepto de innovación para crear valor, utilizado por el autor en sus programas y cursos de innovación para crear valor impartidos en empresas, es el siguiente:

> Es crear algo nuevo y diferente que proporcione valor excepcional al cliente o usuario, que le haga la vida mejor, a partir de centrarse en él, para conocerlo como un ser humano, más allá de sus necesidades.[1]

Hay que destacar que el desarrollo y aplicación de la innovación para crear valor se sustentan más en un desempeño como emprendedor que como técnico o científico; más en la particular forma de pensar que se necesita para producir ideas que por los conocimientos especializados y más centrándose en las necesidades satisfechas y no satisfechas de clientes o usuarios que en orientarse a la tecnología por la tecnología misma. La innovación para crear valor requiere de personas creativas que produzcan ideas, ¡grandes ideas!, y actúen.

EN EL PRINCIPIO...

En las conferencias, programas y diplomados que el autor ha ofrecido sobre innovación para crear valor, con frecuencia surgen preguntas como las siguientes:

¿Quién es considerado el primer innovador en la historia de la humanidad?
¿Cuáles fueron las primeras innovaciones que estimularon cambios profundos e hicieron la vida mejor?
¿Qué fue primero, la innovación tecnológica o la innovación para crear valor?

Desde luego que se presentan distintas respuestas, porque las preguntas se prestan a elucubrar en torno a personas y eventos del pasado, en donde se han introducido innovaciones producidas desde el principio de la humanidad. Por lo regular se repite que el primer innovador fue el hombre que descubrió y aplicó el fuego, o quien hizo un arma o inventó la rueda. Empero, podemos ver las cosas bajo otra perspectiva, si nos remontamos al primer innovador en la historia de la humanidad y para esto hay que ir al inicio de todo, precisamente al momento en que aparece el hombre, como según consta en la Biblia, en su primer libro Génesis (*origen*), donde hay información sobre el inicio u origen de lo existente, el universo, la tierra, el hombre, el reino animal, el reino vegetal y todo lo demás, como dice el primer versículo:

> En el principio Dios creó los cielos y la tierra. (Génesis 1.1)

Este versículo es una declaración fundamental y contundente de la Biblia que marca el inicio del tiempo y de toda la creación, además de poseer un contenido profundo y de gran alcance, según lo analiza John H Sailhamer, profesor y erudito del Antiguo Testamento del prestigiado *Trinity Evangelical Divinity School*, diciendo:

> El relato (de Génesis) comienza con una declaración diáfana y concisa acerca del Creador y de la creación. Su simplicidad esconde la profundidad de su contenido. Esas siete palabras (en hebreo) son el fundamento de todo lo que sigue en la Biblia. El propósito de la afirmación es triple: identificar al Creador, explicar el origen del mundo y unir la obra de Dios en el pasado con la obra de Dios en el futuro.[2]

El versículo, después de marcar el inicio del tiempo con "en el principio", pasa a destacar que "Dios creó". En el original del Antiguo Testamento, para crear se utiliza la palabra *bara* que solo es aplicada a la creación de Dios, porque solo Él puede crear, para "llamar a la existencia lo que antes no había existido.[3] Esta expresión pudiera sugerir que todo lo creado surgió de la nada absoluta, sin embargo, la misma Biblia precisa:

> Por la palabra de Dios fueron hechos los cielos, y todo el ejército de ellos por el aliento de su boca. (Salmo 33:6)
> Porque Él dijo y fue hecho,
> Él mandó, y existió. (Salmo 33:9)
> Por la fe entendemos haber sido constituido el universo por la palabra de Dios, de modo que lo que se ve, fue hecho de lo que no se veía. (Hebreos 11:3)

Los versículos anteriores confirman que la creación no fue producida de la nada absoluta, sino de un elemento intangible e invisible pero se manifiesta, como es la fuerza de la palabra. Dios dijo y fue hecho, o sea, que la fuerza de Su palabra que era y es energía, se transformó en materia, de manera que todo lo producido durante los seis días de la Creación era energía pura (recurso intangible) convertida en materia (recurso tangible).

Es evidente que la transformación de energía que se manifestó durante la creación de Dios, sucedida en el pasado muy lejano, nos lleva a las Leyes de la Termodinámica de ahora en día, que es "la ciencia que trata de la conversión del calor y otras formas de energía en trabajo". Es la ley que explica por qué el universo es energía en alguna forma y que todo lo que ocurre es básicamente un proceso de conversión de energía.[4]

La primera ley de la termodinámica, conocida también como la ley de la conservación de la energía, dice que "la energía no se puede crear ni destruir, solo puede cambiarse o transferirse de un objeto a otro", lo cual explica ese proceso de conversión de energía que hay en el universo y en la misma creación de Dios. Además, esta ley, al afirmar que la energía no se puede crear ni destruir, es porque toda ella había sido creada desde antes, precisamente, durante la creación, para no volver a crear de nuevo, como la Biblia lo dice:

> Fueron, pues acabados los cielos y la tierra, y todo el ejército de ellos. Y acabó en el día séptimo de toda la obra que hizo.
> Y bendijo Dios al día séptimo, y lo santificó, porque en él reposó de toda la obra que había hecho en la creación. (Génesis 2:1-3)

PROPÓSITO DE LA CREACIÓN

Desde luego que Dios no creó por el simple hecho de crear a diestra y siniestra, sino que, de acuerdo con las Escrituras, Él pensó con propósito hacia la eternidad: quería vivir con el hombre en una relación de Padre e hijo, por lo que el hombre fue el objeto de Su Creación; es la razón por la cual se centró en él. William Barclaty, quien fue profesor de la Universidad de Glasgow, estudioso, investigador y experto en el conocimiento de la Biblia, escribió lo siguiente en uno de sus numerosos libros:

> El sueño de Dios para el hombre era un sueño de grandeza. El hombre estaba diseñado para la comunión con Dios.[5]

A partir de definir su propósito y centrarse en el hombre, Dios llevó a cabo Su proceso de creación. En la Biblia se lee claramente que, durante los seis días literales de la creación, Dios produjo grandes innovaciones:

Día 1, Dijo Dios, Sea la luz y fue la luz. Y vio Dios que la luz era buena...(Génesis 1:3)

Día 2, Luego dijo Dios: Haya expansión en medio de las aguas y separe las aguas de las aguas... Y llamó Dios a la expansión Cielos, (Génesis 1:6-8)

Día 3, Dijo también Dios: Júntense las aguas que están debajo de los cielos y descúbrase lo seco... Y llamó Dios a lo seco tierra y a la reunión de las aguas llamó mares... Después dijo Dios: Produzca la tierra hierba verde que de semilla, árbol de fruto que dé fruto según su género... (Génesis 1:9-13)

Día 4, Después dijo Dios: Haya lumbreras en la expansión de los cielos para separar el día de la noche; y sirvan de señales para las estaciones, para días y años y sean por lumbreras en la expansión de los cielos para alumbrar sobre la tierra... (Génesis 1:14-15)

Día 5, Dijo Dios: Produzcan las aguas seres vivientes, y aves que vuelen sobre la tierra, en la abierta expansión de los cielos. Y creó Dios los grandes monstruos marinos, y todo ser viviente que se mueve, que las aguas produjeron según su género, y toda ave alada según su especie.... (Génesis 1:20-21)

Día 6, Luego Dijo Dios: Produzca la tierra seres vivientes según género, bestias y serpientes y animales de la tierra según su especie... Entonces dijo Dios: Hagamos al hombre a nuestra imagen y semejanza... (Génesis 1:24-26)

Con Su palabra, Dios llevaba a cabo Su creación, día tras día, en un proceso en el cual se identifican claramente los siguientes pasos:

1. Tener un propósito

En Su creación, como antes se mencionó, Dios no creó por el simple hecho de hacerlo, sino que Él tenía un propósito muy claro que, como se presenta en la Biblia, era vivir hacia la eternidad con el hombre, en una relación de Padre e hijo. No hay duda de que el Creador visualizó su obra terminada (propósito), como si ya la hubiera logrado.

2. Centrarse en el hombre y verlo más allá de sus necesidades

Dios creó pensando en el hombre (centrado); era la razón de ser de Su creación y no lo vio exclusivamente en cuanto a sus necesidades biológicas, sino como un ser humano; un ser tridimensional que Él había creado: materia, alma y espíritu y, por tanto, tendría que considerar esas dimensiones en el hombre de manera que quedaran completamente cubiertas: en lo material era satisfacer lo necesario para su cuerpo biológico; en su alma, la creación le proporcionaría emociones, vivencias, experiencias y el gozo de vivir; en lo espiritual, Dios estaría en comunicación constante con el hombre.

Debido a la importancia que Dios dio al hombre, el Rey David reconoció a su Creador, cuando escribió en uno de sus numerosos Salmos:
>Cuando contemplo tus cielos,
>Obra de tus dedos,
>La luna y las estrellas que tu formaste,
>Me pregunto:
>¿Qué es el hombre, para que en él pienses?
>Y el hijo del hombre para que tú lo visites. (Salmo 8:3-4)

3. Crear valor superior en un medio nuevo, no conocido antes

Todo lo creado durante seis días, el sol, la luz, los mares, cada animal, peces, árboles y lo demás era totalmente nuevo, diseñado por Dios para el hombre, como usuario y centro de Su creación. Cada cosa creada que no había existido antes proporcionaría valor al hombre que con eso cubriría sus necesidades. en sus tres dimensiones: biológica, emocional y espiritual.

No cabe duda, la Creación de Dios le iba a hacer la vida mejor al hombre en el escenario en el cual iba a habitar; un escenario que estaría creado e inundado de innovaciones, conforme a la definición que en la actualidad se da a la innovación para crear valor.

4. Innovar con un enfoque sistémico

Cada cosa, elemento o ser creado por Dios no fue producido de forma aislada e independiente de lo demás, sino que todo fue diseñado en forma sistémica, es decir, como elementos integrantes de un todo (sistema), que se dan en distintos niveles, empezando por el nivel universal hasta llegar a los ecosistemas menores y los elementos que lo conforman, bajo el entendido de que un sistema es un conjunto de elementos interrelacionados e interdependientes, que tienen un propósito específico o razón de ser. El Dr. Henry M. Morrison, presidente del *Institute for Creation Research* (Instituto para la Investigación sobre la Creación), destaca el enfoque sistémico en la creación de Dios, en su muy interesante obra, *Scientific Creationism* (Creacionismo científico), al escribir:

> El Creador creó todo el universo, y Él lo creó como un universo, no como un multiuniverso. Las entidades físicas, así como las biológicas, fueron creadas con estructuras similares para funciones similares, diferentes estructuras para diferentes funciones.[6]

A mayor abundamiento, recordemos que con frecuencia el hombre ha destruido el medioambiente al alterar el orden originalmente establecido, puesto que, al alterar un elemento de un sistema, automáticamente se altera el todo. Es lo que ha resultado en el cambio climático, entre otros desórdenes ocurridos al alterar un ecosistema, el cual originalmente Dios había diseñado con un propósito específico.

Del análisis del proceso de la creación de Dios, quedan claras las respuestas a las preguntas planteadas anteriormente, como sigue:

1. Todo lo que Dios produjo durante los seis días cumple íntegramente con lo que es innovación para crear valor, conforme la definición expresada en párrafos anteriores.

2. El primer innovador fue Dios, cuya innovación la llevó a cabo mediante un proceso práctico que el hombre puede replicar, seguramente porque es parte misma de su código genético humano.
3. La innovación para crear valor fue el primer tipo de innovación que se llevó a cabo en la historia de la humanidad, antes que la innovación tecnológica.

Los puntos considerados en el proceso de la creación solo pretenden resaltar aspectos básicos para hacer innovación y crear valor; de hecho, son lineamientos que pueden tomarse en cuenta al llevar a cabo innovación para crear valor. Esto se observa hoy en día, ya que se han desarrollado numerosos modelos de innovación que se apegan a esos mismos lineamientos, aunque no sea en el mismo orden, en virtud de que la innovación es un proceso no lineal, que es característica de la 4ª Revolución Industrial.

SURGIMIENTO DE LA INNOVACIÓN TECNOLÓGICA

El conocimiento y la ciencia son impulsados cuando hombres inquietos y observadores empiezan a cuestionar los diferentes fenómenos o eventos que se presentan en la naturaleza y en el mundo que les rodea. Ellos buscan respuestas e investigan, hacen planteamientos, crean teorías y producen conocimientos. Son eventos que se identifican en las civilizaciones más antiguas como los sumerios, babilonios y asirios y más tarde los griegos y romanos, empero, tal parece que el despegue definitivo de un nuevo conocimiento, ciencia y tecnología surge con una mayor formalidad después de la Edad Media, cuyo fin ha sido marcado hacia 1453 con la caída del Imperio bizantino y, algo por demás importante, la invención de la imprenta por Gutenberg y con ello, el inicio de la difusión amplia del conocimiento.

A partir de ese año hubo eventos ocurridos en Florencia, Italia, que iniciaron un movimiento conocido como el Renacimiento, que más tarde se extendería a toda Europa. En este movimiento, patrocinado por los Medici, familia de banqueros, concurrieron grandes pintores, músicos, arquitectos, escritores, filósofos, escultores, científicos. Ahí estuvieron Bertoldo di Giovanni (1435-1491), Miguel Angel Buonarroti (1445-1564), Sandro Botticelli (1445-1510), Nicolás Copérnico (1473-1543), Leonardo da Vinci (1452-1519), entre otros. Con ellos, el Renacimiento definía la diferencia entre la mente de la época medieval con la mente renacentista; esta última, una mente que desafiaba el orden establecido, las ortodoxias y paradigmas existentes hasta entonces. Con una mente liberada, conforme pasaban los años, surgían cada vez más personajes que dieron nacimiento a la ciencia moderna, entre los cuales estaban Galileo Galilei (1564-1642), Johannes Kepler (1571-1630), Rene Descartes (1596–1650): Isaac Newton (1643-1727), Albert Einstein (1879–1955) y otros por supuesto, que formulaban grandes preguntas, investigaban, creaban conocimientos y desarrollaban ciencia y tecnología.

En esa corriente de sucesos y personalidades, a fines del siglo XIX, en 1887, surge Thomas A. Edison (1847-1931) quien reunió un grupo de ayudantes y mecánicos para crear un laboratorio de investigación industrial, que él llamaba fábrica de inventos, la que más tarde incorporaría a la naciente General Electric, de la cual era uno de los fundadores.

Posteriormente las grandes empresas que nacían también establecieron un departamento o división de investigación y desarrollo tecnológico para crear tecnología, conocimientos, productos y soluciones. Así nacía formalmente la innovación tecnológica, que luego se ampliaría a universidades y centros de investigación. Una tendencia que ha continuado cada vez con mayor celeridad hasta la 4ª Revolución Industrial, que ha impulsado el avance exponencial y el desarrollo de la ciencia y de las nuevas tecnologías. Una realidad que se manifiesta intensamente en los países más desarrollados y que continuará, porque es la forma de lograr liderazgo industrial y económico.

Desde luego que la innovación para crear valor también se ha intensificado, en virtud de que las empresas han empezado a incorporarla a sus estructuras, democratizándola, en el sentido de que todos sus miembros deben desarrollar y aplicar sus competencias y habilidades para hacer innovación. De esta manera, la innovación para crear valor, a diferencia de la innovación tecnológica, no es privativa de un departamento o división, sino es una forma de pensar y de actuar de todo el personal en una organización, Es, este, el desempeño requerido para participar en la 4ª Revolución Industrial; una era que necesita de esa mentalidad renacentista que configura una forma de pensar, como es el pensamiento estratégico disruptor e innovador.

ACCIONES PARA LA INNOVACIÓN

En la 4ª Revolución Industrial, la innovación en general es el factor fundamental para competir, por lo que ahora en día, todas las empresas debieran implementarla como una forma de vida personal y organizacional, ya que es el camino efectivo para crear valor, riqueza y ventajas competitivas, por lo que las organizaciones y empresas deben observar aspectos como los siguientes:

• Llevar a cabo reuniones con el personal de la empresa para que precisen conceptos tanto de la innovación tecnológica como de la innovación para crear valor, identificando diferencias entre las mismas a fin de comentar cuál es el tipo de innovación que su organización debe emprender.

• Crear conciencia entre el personal sobre la importancia que tiene la innovación para crear valor en la presente era industrial, analizándola a partir de lo que han hecho personajes como Steve Jobs, Sergey Brin y Larry Page (Google); Jeff Bezos (Amazon); Bill Gates (Microsoft), entre muchos otros, cuyos logros se sustentaron, más que en recursos económicos, en ideas, fruto de capacidades y habilidades para la innovación y para la acción, mismas que se pueden desarrollar, aplicar y dominar.

• Hacer ejercicios aplicando el proceso de innovación: 1. Tener un propósito de innovación; 2. Centrarse en el cliente prototipo de la empresa; 3. Crear un valor superior al que comunmente se le proporciona al cliente; 4. Innovar con un enfoque sistémico, es decir, que vean los productos e innovaciones en el contexto en el cual se utilizan. El propósito es que el personal adquiera confianza para aportar ideas y desarrollar innovaciones..

• Formular preguntas que anteriormente no se han formulado en la empresa, como serían las siguientes:

¿El personal de la empresa tiene una idea clara de lo que es innovación y por qué es importante para la misma empresa y para ellos, en su desarrollo personal y profesional?

¿Qué tipo de innovación es la que debe emprenderse y desarrollarse en la empresa? ¿Por qué?

¿Cómo podemos hacer que cada persona de la empresa desarrolle capacidades y habilidades para la innovación y tenga confianza en si mismo para participar activamente con ideas y desarrollo de innovaciones desde las tareas y actividades que cotidianamente realiza?

¿En qué formas podemos convencer al personal de que el desarrollo de sus capacidades y habilidades para la innovación, le permitirán desarrollarse en su vida personal y profesional para avanzar dentro y fuera de la empresa?

¿Qué pasaría si el negocio de la empresa repentinamente quedara obsoleto por el surgimiento de un nuevo competidor ofreciendo los mismos productos y servicios, pero reinventados y ofrecidos bajo nuevos y atractivos esquemas que proporcionarían valor superior?

En los escenarios de la 4ª Revolución Industrial, las empresas deben formularse preguntas que no se han planteado anteriormente. Deben ser preguntas penetrantes para que despierten una forma diferente de pensar. Hay que tener presente que las grandes innovaciones empiezan por grandes preguntas.

CAPÍTULO

3

El hombre como gran innovador

Es de suma importancia que la gente reconozca que su prosperidad depende del alcance de su actividad innovadora. Las naciones que no estén conscientes de cómo es generada su prosperidad pueden tener un costo que limite su dinamismo. Una economía moderna no significa una economía del presente, sino una economía con un considerable grado de dinamismo, esto es, la voluntad y la capacidad y la aspiración para innovar.
Edmund Phelps
Premio Nobel en Economía 2006.

Si pudiéramos convertir la innovación de un arte practicado por unos cuantos en una ciencia accesible a muchos, podríamos capacitar a mucha más gente y organizaciones para que logren un alto potencial de ser innovadores.
Deborah Wince-Smith
Presidente del Consejo de la Competitividad
Washington D.C.

Creo que la Biblia es el mejor regalo que Dios le dio al hombre.
Abraham Lincoln

PRELUDIO DE UNA NUEVA ERA INDUSTRIAL

En 1968 se presentó la excelente película de ciencia ficción Odisea del Espacio 2001, escrita por Arthur C. Clarke y dirigida por Stanley Kubrick. En la película aparecía el robot Hal 9000 que controlaba el funcionamiento de la nave espacial *Discovery* por medio de varias cámaras con lentes ojo de pescado que le permitían tener un amplio horizonte visual, superior al del ojo humano. El robot tenía capacidades inteligentes de reconocimiento facial, de voz, de lectura de labios, de procesamiento del lenguaje humano y otras, además de poder interpretar emociones y razonar.

En una parte de la película, Hal parece confundirse por una falla en la antena de la nave, por lo que los astronautas David Bowman y Frank Poole comentan que es necesario desconectar los circuitos cognoscitivos del robot, sin saber que Hal tenía la capacidad de leer los labios, de manera que el robot, al notar las intenciones de los astronautas, decide acabar con ellos. Primero mata a Frank Poole cuando reparaba la antena y después a otros de sus compañeros. David Bowman se da cuenta de esos sucesos y decide apagar a Hal, por lo que, con no pocas dificultades, se dirige al núcleo y empieza a desconectarlo, quitando los módulos que hacen disminuir la capacidad cognitiva del robot, hasta finalmente perderla. En el momento en que la lógica de HAL se está acabando, el robot empieza a cantar la canción *Daisy Bell*, compuesta en 1892 por el inglés Harry Dacre, que en 1961 fue la primera melodía utilizada en la computadora IBM 704 para hacer una demostración de la tecnología de sintetizar la voz, desarrollada por los laboratorios Bell.

Transcurrieron cuatro décadas, de 1968 a 2007, cuando en este último año se marcó un hito histórico con el surgir de avanzadas tecnologías, que en aquellos años sesenta eran de ciencia ficción o simplemente no se conocían: inteligencia artificial, robótica, computación cuántica, internet de cosas, sensores, redes, impresoras 3D, internet, nanotecnología, computación en la nube, biotecnología, drones, realidad virtual y aumentada, algoritmos, por citar algunas. Es precisamente en 2007 cuando Steve Jobs presenta su *iPhone,* una innovación disruptiva que se convertiría en una extensión funcional de las personas para concentrar su vida digital, (video, fotos, música, base de datos, numerosas aplicaciones), para comunicarse, establecer relaciones, comprar, hacer operaciones bancarias, estudiar, ver películas, mantenerse informadas, jugar, leer y otras actividades. También surgieron compañías y eventos que marcaron nuevos rumbos y conceptos de negocios, entre los que destacan los siguientes:

- Google adquiere *YouTube* y lanza la plataforma *Android* que ahora es común en varios dispositivos.
- Mark Zuckerberg crea *Facebook*, sitio web de redes sociales que en el presente tiene conectados a dos mil millones de usuarios activos.
- Jack Dorsey crea *Tweeter* en 2006 en California, para pasarla en 2007 a la jurisdicción de Delaware.
- Sebastian Thrun, director del *Stanford Artificial Intelligence Laboratory y coinventor de Google Street View,* inicia la creación del vehículo robótico *Stanley.*
- Amazón lanza *Kindle*, la tableta que revolucionaría la forma de adquirir, leer y guardar libros.
- *Airbnb* era concebida en un pequeño apartamento en San Francisco, California y en el presente es una realidad que ha superado a las grandes cadenas hoteleras en cuanto a usuarios y a su valor de capitalización
- Internet superaba a 2019, los 4 billones de usuarios a nivel mundial.
- *Palantir Technologies* era líder en la aplicación de *big data* y analítica e inteligencia artificial.
- IBM empezaba el proyecto de construir una computadora cognitiva llamada *Watson*, que combinaba inteligencia artificial y aprendizaje de máquinas y, años después, en 2011, vencería a los campeones mundiales de *Jeopardy.*
- El costo de secuenciar el ADN, originalmente de dos billones de dólares en 1990, había caído dramáticamente conforme la industria de biotecnología cambiaba a nuevas tecnologías y plataformas.

A la fecha (2020), han transcurrido trece años desde 2007, tiempo en que se han producido nuevos eventos: el automóvil autónomo es una realidad y ya se utiliza en algunas partes del mundo con el objetivo de transformar la industria automotriz y el uso del auto en la década que empieza; la robótica e inteligencia artificial han avanzado para sustituir actividades pensantes y cognitivas que antes eran privativas del hombre; sistemas inteligentes como *Watson* de IBM han penetrado en el sector salud, en los negocios y otros sectores; los drones empiezan a utilizarse para hacer entregas o llegar a lugares difíciles; los *smartphones* se ha extendido, tanto en el número de usuarios como de aplicaciones; las plataformas digitales son el centro de los negocios en línea; las industrias 4.0 son completa realidad; internet de cosas ha conectado a millones de artefactos que se han hecho inteligentes; las redes sociales han penetrado y tienen gran influencia social; han surgido una cantidad impresionante de innovaciones disruptivas en productos, servicios, procesos y modelos de negocios a partir de las nuevas tecnologías, llegando también a distintos sectores: educación, salud, seguridad, instituciones financieras, gobierno y varios etcéteras.

Esos trece años transcurridos fueron la presentación de la 4ª Revolución Industrial, y los expertos en el tema dicen que lo sucedido es tan solo el preámbulo de lo que acontecerá en el cercano futuro, en virtud de que los cambios ocurridos en ese periodo (2007–2020) serán superados por los cambios que se produzcan en los próximos cinco años debido al carácter exponencial de esas tecnologías. Así vemos que el mundo no está cambiando, sino que se está reinventando por completo.

LA INNOVACIÓN EN LA 4ª REVOLUCIÓN INDUSTRIAL

En los escenarios de lo ocurrido, de lo que está ocurriendo y de lo que probable y posiblemente ocurrirá, resalta el papel de la innovación a lo largo, ancho y alto de la 4ª Revolución Industrial, en virtud de que todos los eventos de cambio producidos y que se producirán en el futuro, son generados por la innovación tecnológica y por la innovación para crear valor. En consecuencia, el papel de la innovación es vital porque ahora, como nunca antes, se tiene una mayor cantidad de recursos, tecnologías e ingredientes para conjugarlos y producir innovaciones sorprendentes. Como consecuencia, se estarán generando un sinnúmero de cambios en distintas formas: nuevos productos y servicios, nuevas soluciones, nuevos mercados, nuevos puestos de trabajo, nuevos marcos de referencia, entre otros aspectos, además de que se estarán elevando sustancialmente los volúmenes de datos, información y conocimientos y todo esto con una acelerada velocidad que ya rebasa ampliamente la capacidad del ser humano para absorber las transformaciones y conocimientos que se producen. El binomio **conocimiento–velocidad** está y estará presente en todo.

En el caso particular de la innovación para crear valor, tal parece que todavía no es comprendida en la mayoría de las empresas y, mucho menos, se aplica formalmente como una forma de pensar y actuar a nivel de personas, de empresas y de países. El papel de la innovación hace que en la presente era industrial sea, no solo un factor más, sino el factor fundamental para competir, prosperar y crear valor y riqueza. A este respecto, Edmund Phelps, Premio Nobel de Economía, en su muy interesante libro, *Mass Flourishing, How Grassroots Innovation Created Jobs, Challlenge, and Change* (Florecimiento de las Masas, cómo la innovación básica creó trabajos, desafíos y cambios), presenta en forma objetiva el papel vital de la innovación para lograr la prosperidad de países, empresas, organizaciones y personas. En el prólogo de este libro se lee:

> El florecimiento está en el corazón de la prosperidad, lo que implica comprenderla, comprometerse, enfrentar desafíos y generar crecimiento personal. Recibir un ingreso puede llevar al florecimiento, pero no es en si mismo una forma de florecer. El florecimiento de una persona llega de la experiencia de lo nuevo: de vivir nuevas situaciones, de enfrentar nuevos problemas, de obtener nuevos puntos de vista y desarrollar y compartir nuevas ideas. En forma similar, la prosperidad de una nación -prosperidad de las masas- llega de un amplio involucramiento de la gente en el proceso de innovación: la concepción, desarrollo y difusión de nuevos métodos y productos...[1]

Phelps redimensiona la prosperidad a nivel de nación como resultado de que florecen las masas, lo cual se alcanza cuando se crean condiciones favorables para la innovación. Es lo que sucedió en Inglaterra durante el siglo XVIII con la Revolución Industrial que se extendió más tarde a países de Europa y a Estados Unidos; en Israel desde que surgió como estado en 1948; en Alemania y Japón después de sus derrotas en la Segunda Guerra Mundial y en general en otros países altamente desarrollados, en contraste con países que no florecen, ni fructifican, porque simplemente no hacen innovación. El *Global Innovation Index 2019* lo confirma, ya que menciona a Suiza, Suecia, Estados Unidos, Países Bajos y Reino Unido, como los países que más florecen, por ser los más innovadores.

Huelga decir que en las últimas décadas se ha visto la prosperidad en *Sillicon Valley* y por lo tanto también de Estados Unidos, gracias al florecimiento de tantas empresas y gente de esa región que han aportado al mundo nuevas tecnologías, numerosas innovaciones y nuevos negocios. Es la cuna de las grandes empresas innovadoras con mayor valor de capitalización en el mundo, como son Apple, Google, Amazon, Microsoft, Facebook, IBM; entre otras.

Es de considerar que el florecimiento de las masas, como lo plantea el economista Phelps, impulsa la innovación (tanto tecnológica como la que crea valor), así como las condiciones que la propician; un alcance que no es privativo de grandes compañías como las citadas anteriormente, sino que también es válido para el caso de las pequeñas y medianas empresas, de entre las cuales surgen protagonistas para participar en las grandes ligas de negocios, gracias al florecimiento de la innovación, cuyo catalizador son las nuevas tecnologías exponenciales. Esto es el florecimiento de las masas propio de la 4ª Revolución Industrial.

CASO MÉXICO

En México, desafortunadamente no ha llegado el "florecimiento de las masas", como debería, ya que es una de las quince economías más grandes del mundo, en parte por la alta tasa de mortalidad de sus Pymes, que representan más del 95% del total de los negocios en el país. En efecto, según diversas consultoras, más del cincuenta por ciento quiebran durante los dos primeros años de actividad; el noventa por ciento fracasa antes de llegar a los cinco años de vida; solo el diez por ciento de las Pymes mexicanas llega a los diez años de vida y logran el éxito esperado. Una de las causas desde luego que es la falta de innovación, ya que por lo general tienden a hacer imitación, además de que tampoco compiten con estrategias sino por reacción, según la investigación llevada a cabo por el economista Alejandro Ruelas-Gossi, director del campus de *Miami Adolfo Ibañez School of Management*, publicado en la revista *Harvard Business Review*, bajo el título "El Síndrome Maquiladora en México".[2]

La falta de innovación en México queda confirmada con la posición 56 que mantiene nuestro país en el *Global Innovation Index 2019*, abajo de Chile en el lugar 51 y Costa Rica en el 55, que son los países latinoamericanos mejor ubicados. En este estado de cosas, la mayoría de las empresas en México tienen que emprender la innovación y hacer cambios congruentes con las exigencias de la 4ª Revolución Industrial, puesto que es condicionante para responder a las nuevas realidades que ya se están viviendo en los presentes escenarios económicos y de negocios. Es el momento: ¡ahora o nunca!.

EL HOMBRE Y SU MISIÓN

Al hacer referencia a la innovación para crear valor, debe precisarse que para llevarla a cabo se requieren ideas en torno a un objetivo o un problema. El proceso de innovar toma las ideas más apropiadas y las desarrolla, cuidando paso a paso la creación de valor para el cliente o usuario final, de manera que la innovación final "le haga la vida mejor". Significa que el personal de una organización o un emprendedor debe tener las capacidades y habilidades correspondientes que lo hagan producir ideas, ideas y más ideas, las cuales después deberá transformar en innovaciones. Este es el perfil de personas que son clave para lograr el "florecimiento de las masas", quienes por su capacidad creativa producen innovaciones de alto impacto y valor. Así ha sido la forma de pensar de grandes innovadores como Steve Jobs, Jeff Bezos, Elon Musk, Bill Gates, entre muchos otros.

Ante ese estado de realidades propias de la presente era industrial, volvemos al libro de libros, la Biblia, la cual señala que Dios, al crear al hombre, quería que "floreciera", es decir, que diera fruto o lo que es lo mismo, que fuera innovador por naturaleza, ¡un gran innovador! Claro está que, para ello, el hombre debía tener capacidades y habilidades para la creatividad e innovación, similares, toda proporción guardada, a las que Dios utilizó y aplicó para llevar a cabo Su creación. Al respecto, en la Biblia se lee que Dios creó al hombre y le dio Su forma de pensar cuando dijo:

> Hagamos al hombre a nuestra imagen, conforme a nuestra semejanza; y señoree en los peces del mar, en las aves de los cielos, en las bestias, en toda la tierra, y en todo animal que se arrastra sobre la tierra. (Génesis 1:26)

La palabra griega para imagen y semejanza significa igual en todo, es decir, Dios le daba las capacidades, competencias y habilidades que Él había utilizado al llevar a cabo Su creación. De esta manera, Dios crea al hombre y a la mujer, e inmediatamente los bendice y les expresa su misión en forma de orden precisa y contundente:

> Fructificad y multiplicaos; llenad la tierra, y sojuzgadla, y señoread en los peces del mar, en las aves de los cielos, y en todas las bestias que se mueven sobre la tierra... (Génesis 1:28).

Obsérvese que este versículo define y expresa la misión del hombre con cinco verbos —fructificar, multiplicar, llenar, sojuzgar y señorear— en imperativo, para hacer hincapié en acciones que el hombre debe llevar a cabo fielmente para vivir y justificar su existencia, como se deriva de analizar cada uno de los verbos (acciones) que conforman la misión del hombre sobre la tierra, como se pone a continuación:

FRUCTIFICAD

El Creador deseaba y desea que el hombre tenga vida plena, la cual sería el resultado de vivir con un sentido de misión, es decir, de trabajar y cumplir con sus responsabilidades y que diera fruto, como se deduce de que, en primera instancia, está fructificad en imperativo, que en cierta forma equivale a florecer e innovar. Estos conceptos sugieren la idea de que el hombre debería trabajar para que, a partir de los recursos que le proporcionó Su Creador, produzca algo nuevo y diferente, que cree valor (para utilizar conceptos actuales) y haga la vida mejor, es decir, que haga innovación para crear valor, porque esa era y es la forma de dar fruto o de florecer, como lo señala el laureado economista Edmund Phelps.

La innovación para crear valor, (tema que se trató en el capítulo anterior) bajo el significado de *florecer o fructificar*, comprende por definición misma la creación de valor. Este proceso de innovación implica desarrollar algo nuevo y diferente que cumpla ese propósito de crear valor usando los recursos existentes, lo cual se convierte en la misión del hombre.

Dios quería y quiere que el hombre, por definición misma, sea un innovador, ¡un gran innovador!, porque es la única forma de crear valor a partir de los recursos recibidos, a los que Él le había dado vida durante los seis días de la creación. No olvidemos que todo lo existente hasta nuestros días ha sido producido por el hombre al crear valor mediante la innovación, utilizando los recursos que el Creador había puesto a su disposición desde el principio; son logros que reflejan el progreso de la raza humana sustentada en su florecimiento, "que está en el corazón de la prosperidad," como afirmó el multicitado Edmund Phelps.

MULTIPLICAOS; LLENAD LA TIERRA, (Génesis 1:28).

Desde luego que en el plan de Dios estaba contemplado que el hombre se multiplicara para poblar (llenar) la tierra; empero, quería y quiere que sea con gente que dé fruto, como cualquier padre lo desea para su hijo. El Creador demandó que la Tierra fuera poblada con gente de calidad total, que fructificara, no con gente que vegete o se convierta en parásito de los demás. Dios deseaba que, al multiplicarse el hombre, lo hiciera no solo en cuanto a cantidad, sino también en calidad; que diera fruto y lo hiciera en grande.

SOJUZGAD, Y SEÑOREAD...

Con los vocablos "sojuzgad y señoread", el Creador designaba al hombre como "mayordomo de Dios en la tierra", haciéndolo responsable del buen uso de todos los recursos que había creado y depositado en él. Un privilegio para el hombre que el salmista resaltó cuando escribió[3]:

> Le has hecho poco menor que los ángeles,
> Y lo coronaste de gloria y de honra.
> Le hiciste señorear sobre las obras de tus manos;
> Todo lo pusiste debajo de sus pies. (Salmos 8:3-6)

El papel que el hombre asume como mayordomo es como el de cualquier gerente al que se le proporcionan determinados recursos para cumplir su misión de crear valor, riqueza y ventajas competitivas, de manera que incremente el valor de su empresa u organización, y cumpla sus responsabilidades ante su propio personal, accionistas, clientes y su comunidad. Una realidad que históricamente se ha visto entre la Tierra original que el hombre recibió y el actual estado de cosas de este planeta cuyo valor neto actual de la Tierra se ha incrementado sustancialmente, aun con las fallas, distorsiones, desperdicios y mal uso de recursos. Esto demuestra que en la historia de la humanidad ha habido una gran cantidad de hombres que han cumplido su misión de fructificar; ellos han hecho florecer la tierra al hacer innovación.

ACCIONES PARA LA INNOVACIÓN

En la presente 4ª Revolución Industrial, como en todas las revoluciones anteriores, la innovación ha estado presente, sin embargo, en la actualidad es mucho más intensa y vital, tanto por la aguda competencia que se da entre países, empresas y demás organizaciones, sea por el avance de los negocios sustentados en plataformas digitales como por los cambios demográficos y hábitos de consumo, entre otros factores. En este contexto económico y de negocios, la innovación se convierte en el factor fundamental para prosperar, crecer orgánicamente y ser competitivo, por lo que es de sugerir se observen lineamientos como los siguientes:

- A partir de que todo individuo, en su naturaleza humana y diseño, tiene latente sus capacidades cerebrales, las empresas y organizaciones deberían emprender programas para que desarrolle sus capacidades y habilidades específicas para la creatividad e innovación, solución de problemas e identificación de oportunidades, entre otras, haciendo hincapié en la aplicación a situaciones propias de su empresa, en el contexto en que se participa.

- Como extensión del punto anterior, hay que planear el desarrollo de una cultura de innovación, de manera que esta se viva dentro de la organización como una forma de pensar y hacer, tanto a nivel personal como de grupo.

- Llevar a cabo reuniones creativas para hacer análisis de los eventos y tendencias que se producen en el escenario económico, tecnológico y social, con el propósito de identificar y aprovechar oportunidades para generar innovaciones con valor.

- Independeintemente del negocio en que se participa y al margen de la propuesta de valor que se promueva, hay que crear entre el personal la convicción de que la divisa de la empresa y de su personal es crear valor tanto para el cliente, como para la comunidad, el propio personal y la empresa. La misión debe ser "crear valor" a partir de hacer innovación como una forma de pensar y actuar.

- Estimular reuniones creativas para formular y responder a preguntas como las siguientes:

¿En qué formas se podrían emprender programas efectivos para que el personal desarrolle sus capacidades y habilidades para la innovación y las aplique dentro de la empresa?

¿Qué pasaría si la empresa se estanca en su perfil actual de negocios, ignorando las nuevas realidades de la 4ª Revolución Industrial?

¿Qué hacer para que el personal piense en grande y desarrolle una actitud positiva tanto para sí mismo como para los planes y propósitos de la empresa?

¿Cómo se podría reinventar el negocio para crear nuevos mercados y alcanzar a quienes todavía no son clientes o aún no utilizan los productos de la empresa?

¿Qué pasaría si nos convertimos en una negocio en línea y desarrollamos una plataforma digital que nos permita extendernos a sectores complementarios al que tenemos actualmente?

En esta de la década de 2020, contemplada como un periodo en el cual se superarán los cambios ocurridos en los últimos 10 años, las empresas deberían tener preparado un plan sobre las transformaciones que debe emprender para responder a los próximos desafíos y cambios que se han iniciado desde ahora. Hay que tener presente que el futuro ya empezó; lo único que falta es responder a sus nuevas realidades, ¡desde ahora!

CAPÍTULO

4

Lo que podemos
aprender de Israel
en innovación

Las semillas de un nuevo Israel crecieron en la imaginación de un pueblo en el exilio. El exilio duró mucho tiempo, casi dos mil años, y dejó al pueblo judío con una oración y sin país. Aun así, esa continua oración alimentó su esperanza y su vínculo con la tierra de sus antepasados.
Shimon Peres
Primer ministro de Israel y presidente del Estado de Israel desde 2007 hasta 2014

Israel produjo creatividad, no en proporción a su tamaño, sino al de los peligros a los que se enfrentaba. Esta creatividad aplicada a temas de seguridad sirvió asimismo para cimentar la industria civil.

...la gente judía ha tenido éxito por la combinación de factores relacionados con la religión judía y cultura, y una experiencia histórica colectiva. Estas son cosas que cualquiera puede examinar y aprender de ellas.
Steven Silbiger,
The Jewish Phenomenon

La Biblia no es un mero libro, sino una creación viviente, con un poder que vence a todo cuanto se le opone... Nunca dejo de leerla, y cada día lo hago con flamante placer.
Napoleón Bonaparte

UNA NACION *START-UP*

En el *best seller del New York Times, Start-Up Nation*, (La Historia del Milagro Económico de Israel), sus autores Dan Senor y Saul Singer, hacen un análisis objetivo de los extraordinarios logros económicos, tecnológicos, militares, y otros de distinta naturaleza, provenientes de un país de territorio pequeño, con cerca de nueve millones de habitantes a 2019, sin recursos naturales, rodeado de enemigos y en un constante estado de guerra. Se refieren a Israel, que a partir de mayo de 1948 regresó a lo que bíblicamente era su tierra, donde encontraron un lugar de suelo árido y nada fértil, sin suficiente agua, además de un entorno demasiado hostil. Quienes regresaron eran personas pobres que nada tenían para llegar a una tierra pobre que nada ofrecía.

Recordando esas condiciones con que se inició Israel en 1948, Shimon Peres, quien fuera presidente y primer ministro de Israel, comentó lo siguiente en el prólogo que hizo para el libro de los autores citados anteriormente:

> El único capital del que disponíamos era el humano. La tierra árida no producía ganancias financieras, sino pioneros voluntariosos que se conformaban con poco. Estos inventaron nuevas formas de vivir, donde antes no había nada crearon los *kibutzim*, los *moshavim*, los pueblos y las comunidades. Trabajaron y excavaron la tierra con enorme autoexigencia. Pero también soñaron e innovaron.[1]

Los judíos, al llegar a su tierra, partieron prácticamente de cero, actuaron como un solo cuerpo, trabajaron arduamente y con propósito, constantemente soñaban en grande, al grado de que en unas cuantas décadas, Israel se transformó para llegar a ser una potencia militar, tecnológica y líder en *start-ups* e innovación. Entre sus extraordinario avances y logros, están los siguientes:

- La tasa más alta de *start ups* en el mundo, (3,850, una por cada 1,844 israelíes).

Capítulo 4 Lo que podemos aprender de Israel en innovación

- Más compañías de alta tecnología en el Nasdaq que Corea, Japón, Singapur, China, India y Europa juntas.
- El mayor porcentaje de ingenieros y el gasto más alto en investigación y desarrollo que la mayoría de los países altamente desarrollados.
- Educación universitaria en el 45% de los israelíes, que es uno de los índices más altos en el mundo, de acuerdo con la OCDE.
- Liderazgo mundial en la reutilización de aguas residuales, pues reciclan el setenta por ciento de sus aguas, tres veces más que España, que ocupa el segundo lugar.
- La capacidad para hacer retroceder el desierto, siendo el único país que lo ha logrado.
- El mayor número de móviles *per capita,* en comparación con otros países.
- Liderazgo mundial en dólares de capital de riesgo recaudado *per capita,* lo que significa tener un 2.5% más que el siguiente país que es Estados Unidos.

Ante estos sorprendentes logros, los autores Senor y Singer, se formularon la siguiente pregunta:

> ¿Cómo consiguió una comunidad de pobres refugiados convertirse en una de las economías más dinámicas del mundo, una tierra que Mark Twain describió como un país desolado... una "extensión silenciosa y lúgubre"?[2]

La respuesta que los autores exponen en su libro se puede resumir en una sola palabra: INNOVACIÓN. En efecto, los logros que ha obtenido Israel para llegar a ser la nación que es ahora se debieron a la innovación que continúa y consistentemente se ha aplicado en todas las áreas: agricultura, industria militar, economía, tecnología, educación, negocios, entre otras. En el mencionado libro, sus autores resaltan la extraordinaria capacidad innovadora de Israel, misma que se refleja en su liderazgo y capacidad para generar *start-ups*, cuya definición es la siguiente:

> Empresas de reciente creación y con grandes posibilidades de crecimiento. Las *start-ups* son compañías fundadas con un claro espíritu emprendedor que suelen estar asociadas a la innovación y al desarrollo de nuevas tecnologías.[3]

Por esa gran capacidad innovadora de Israel surgen numerosas preguntas, pero una de ellas es clave:

¿Esa extraordinaria capacidad innovadora es genética y "algo" propio del pueblo de Israel?

Una respuesta a esta pregunta la proporciona Steven Silbiger, sustentada en sus numerosas lecturas y profunda investigación sobre Israel, cuyos resultados quedaron plasmados en su interesante libro *The Jewish Phenomenon*, (El fenómeno judío), donde da su respuesta:

> La gente judía ha tenido éxito por la combinación de factores relacionados con la religión judía, cultura, y una experiencia histórica colectiva. Estas son cosas que cualquiera puede examinar y aprender de ellas.[4]

Silbiger hace ver que las capacidades y habilidades de los judíos para alcanzar sus éxitos y logros en general se deben en gran medida a la innovación. Una capacidad que desde luego no la desarrollaron a partir de su constitución como estado de Israel en 1948, sino que es un fenómeno propio y parte de su cultura, de su ADN y de su forma de pensar y actuar. Las capacidades y habilidades para la innovación de los israelíes son identificadas por expertos y estudiosos del tema, como son los profesores de la Universidad de Harvard, Jeff Dyer, Hal Grengersen y Clayton M. Christensen, quienes hicieron una minuciosa investigación sobre las capacidades y habilidades que dominan los grandes innovadores, las cuales quedaron contenidas en su interesante obra, *The Innovator´s DNA* (El ADN de los Innovadores).[5]

El autor de la presente obra y su equipo de trabajo llevaron a cabo una investigación en el Instituto Mexicano de Innovación y Estrategia, A. C., y en el Centro de Innovación en Negocios, ESCA–Tepepan-I.P.N. para identificar las capacidades y habilidades requeridas para la innovación que crea valor. Como resultado precisaron las capacidades que integran la Plataforma Integral de Capacidades Fundamentales para la Innovación (PICAFIN), que es la esencia de sus programas de creatividad e innovación. (Ver Apéndice B que contiene en detalle esta plataforma).

Entre las capacidades y habilidades para la innovación a que se llegó en esa investigación, están comprendidas las que son características y priopias del pueblo de Israel, mismas que se comentan a continuación.

CAPACIDADES Y HABILIDADES DE ISRAEL PARA LA INNOVACIÓN

Entre las capacidades y habilidades para la innovación en general, plenamente identificadas en el pueblo de Israel, están las siguientes:

ROMPER PARADIGMAS

Los innovadores en general tienen pasión por el cambio con propósito, por eso desafían el *statu quo* o zona de confort, y emprenden acciones deliberadas para romper paradigmas, convencionalismos, ortodoxias o el orden establecido y después hacer que las cosas sucedan, como pasa con la innovación para crear algo nuevo, es decir, que finalmente se produzca valor y mejore la vida. Esta capacidad, en el caso particular del pueblo judío, se identifica históricamente desde el patriarca Abraham, cuando la gente creía en numerosos dioses; sin embargo, Abraham rompió con la tradición politeísta y su paradigma al afirmar y hacer hincapié en que solo había un Dios único, precisamente, cuando era común que la gente adorara a varios dioses. El carácter de Abraham lo transmitió a su pueblo, para hacer de él un rasgo propio de los israelíes para romper paradigmas.

La capacidad de los israelís de no aceptar los convencionalismos u ortodoxias en la actualidad, queda claro por el alto número de empresas *start-ups* que continuamente crean, lo cual implica rechazar lo que ha funcionado en el pasado a fin de desarrollar innovaciones en tecnología, productos, procesos y modelos de negocios. Un ejemplo claro y por demás ilustrativo, entre otros numerosos casos, sucedió en la compañía Intel de Israel, donde los ingenieros desafiaron la tendencia tecnológica en la fabricación de microchips: cada vez serían más pequeños, más potentes y más veloces en su capacidad de procesamiento, pero generarían más calor. Este fenómeno se convertía en el paradigma de la barrera térmica, que tal parecía era un problema infranqueable, difícil de superar.

Los israelíes rechazaron tajantemente ese paradigma tecnológico y trabajaron para romperlo. Después de investigar con perseverancia, los ingenieros de Israel modificaron radicalmente las directrices para la fabricación de microprocesadores, superando la barrera térmica, además de lograr beneficios adicionales. Ante este logro, un alto directivo de Intel, Moolyu Eden, comentó la forma de ser propia de los israelíes, diciendo:

> Los israelíes no tenemos una cultura de la disciplina. Desde que nacemos nos educan para que desafiemos lo establecido, hagamos preguntas, cuestionemos todo, innovemos.[6]

Los eventos que también avalan la capacidad de los israelíes para no atarse a sus éxitos pasados y caer en zona de confort se encuentran en sus victorias militares. Israel no se conforma con lo que ha logrado y jamás se queda a vivir de sus victorias, sino que continúa analizando lo que hicieron o dejaron de hacer, con la finalidad de continuar avanzando en su ámbito militar. Un comportamiento que hace hincapié en la necesidad vital de romper paradigmas y que los autores Senor y Singer resumen de la siguiente manera:

> La tradición militar israelí es la no-tradición. Los mandos y los soldados aprenden a no obcecarse en una idea porque haya funcionado en el pasado.[7]

Israel ha tenido grandes logros desde que se constituyó oficialmente como nación en mayo de 1948. Al encontrar en esas tierras un mero desierto, los nuevos habitantes se vieron obligados a romper paradigmas, emprender innovaciones y trabajar arduamente. Ellos han tenido enormes logros como los citados anteriormente, destacando desarrollos tecnológicos para ser reconocida como la nación *start-up*, concepto que por definición misma implica romper esquemas tradicionales para aplicar nuevas ideas, conceptos y tecnologías para crear innovaciones disruptivas. Por tanto, Israel con evidente razón es considerada como nación líder en innovación.

CREAR MINERÍA DE CONOCIMIENTOS

Una característica más de los grandes innovadores es cultivar conocimientos diversificados, pero no para que se hagan expertos en todas y cada una de las áreas, sino para tener un perfil de información. Es lo que el psicólogo Don Norman, director del Laboratorio de Diseño de la Universidad de California y autor de numerosos libros, llamó *modelo conceptual*, para referirse al conocimiento básico de una tecnología que deberíamos tener y usar con eficacia.

Ese modelo conceptual es fundamental desde el punto de vista de la creatividad y la innovación, lo cual es comprensible porque mientras más variedad de conocimientos e información se tengan, más posibilidades surgen para establecer conexiones neuronales con esos conocimientos, lo que permite producir mayor cantidad de ideas y más novedosas. Así lo sustenta Bruce Nussbaun en su excelente obra *Creative Intelligence, Harnessing the Power to Create, Connect, and Inspire* (Inteligencia Creativa, Utilizando la fuerza para crear, conectar, e inspirar), donde afirma con respecto a la creación de una minería de conocimientos, lo siguiente:

> A través del tiempo, mientras más conocimientos usted almacene, más puntos puede conectar y más patrones puede crear[8]

El pueblo de Israel, a través de su historia ha podido crear una amplia minería de conocimientos, que se inicia en su libro el Pentateuco, al que los judíos llaman el Libro de la Ley (Torá), que comprende los primeros cinco libros de la Biblia (Génesis, Éxodo, Levítico, Números y Deuteronomio) y que en sí mismo es una inmensa minería de información y conocimientos, con una amplia variedad de temas en su contenido, destacando la exhortación de Dios a Israel para que cumpliera fielmente Sus mandamientos:

> Amarás, pues, al Señor tu Dios, y guardarás sus ordenanzas, sus estatutos, sus decretos y sus mandamientos, todos los días. (Deuteronomio 11-1)
> Por tanto, pondréis estas mis palabras en vuestro corazón y en vuestra alma, y las ataréis como señal en vuestra mano, y serán por frontales entre vuestros ojos

> Y las enseñaréis a vuestros hijos, hablando de ellas cuando te sientes en tu casa, cuando andes por el camino, cuanto te acuestes, y cuando te levantes, (Deuteronomio 11 18-19)

Rutinariamente los judíos estudian los libros referidos anteriormente, leen y memorizan pasajes y versículos. Y esto no solo lo hacen individualmente, sino que abren discusiones en grupo para emprender revisiones críticas, cuestionamientos y un debate de temas. Este proceso de estudio es un medio excelente para desarrollar capacidades para la innovación, lo cual es indudable que ha contribuido a que el pueblo de Israel sea altamente innovador.

Por otra parte, los eventos que históricamente ha vivido el pueblo de Israel también han tenido fuerte influencia en la información y conocimientos que ha desarrollado su gente. Uno de esos eventos de gran peso en la historia de Israel surgió en el año 70 de nuestra era, cuando los romanos conquistaron Jerusalén, destruyeron el templo y expulsaron a los judíos de su propio territorio, para que se dispersaran por el mundo, lo que se conoce como la *diáspora*.

Israel estuvo disperso desde aquella expulsión hasta que regresó a su tierra en 1948. Durante ese largo peregrinar, los judíos tuvieron que vivir en diferentes lugares del mundo, lo que los llevó a conocer y vivir diversas culturas, lenguas y costumbres, conocimiento que acumularon y trajeron consigo en su retorno a lo que era su tierra. El economista irlandés, David McWilliams, al referirse a este evento, expresó:

> ...es el crisol monoteísta de una diáspora que trajo consigo culturas, lenguas y tradiciones de todos los rincones del mundo.[9]

Por otra parte, para hacer hincapié en la capacidad de los israelíes de aumentar conocimientos, hay que mencionar que ellos, desde temprana edad, siempre están ávidos por conocer. Y lo hacen, tanto en la vida familiar como en sus centros de estudio y universidades, que son de primer nivel. Destaca también que ellos tienen ansias de recorrer el planeta y son los que mejor han adoptado la filosofía de viajar, observar, preguntar y conocer. Se estima que desde que salen del servicio militar y hasta la edad de 35 años, los israelíes han recorrido una buena parte del mundo, por ello tienen más información y conocimientos con una perspectiva mundial.[10]

Sumado a lo anterior, está el entrenamiento que los judíos reciben durante su servicio militar, que es una experiencia que les proporciona una capacitación sólida en diferentes aspectos y que luego aplican en su desempeño profesional. En este proceso, resalta que el espíritu nacional de Israel es enseñar a la gente a ser buena en varias disciplinas, sin que necesariamente sea excelente en solo una de ellas.

No hay duda alguna, los judíos han hecho de la minería de conocimientos una filosofía de vida y una forma de pensar, de actuar y de innovar; un gran activo que no se adquiere ni se compra, sino que se crea, se desarrolla y se aplica. Una capacidad que es fundamental en el proceso de generar innovaciones.

ENFRENTAR RIESGOS

La innovación implica riesgos en virtud de que siempre habrá posibilidades de no lograr lo que se persigue, bajo el principio de que, "mientras más grande es el riesgo, mayores son los beneficios". En el caso particular de los israelíes, ellos aceptan el riesgo y lo enfrentan con seguridad y empuje; son ingredientes propios de su forma de pensar, que puede tener su origen desde que Dios repitió varias veces a Josué: "Esfuérzate y sé valiente", cuando los judíos iban a pasar el río Jordán para tomar la Tierra Prometida. Pero hay que recordar que alrededor de cuarenta años antes, cuando el pueblo de Israel, al mando de Moisés, estaba por llegar a su destino final, Dios le dijo a Moisés:

> Envía tú hombres que reconozcan la tierra de Canaán, la cual yo doy a los hijos de Israel; de cada tribu de sus padres enviaréis un varón, cada uno príncipe de ellos. Números (13:2)

Los doce hombres elegidos salieron al Neguev, que es la parte rocosa y montañosa de Palestina, donde permanecieron durante cuarenta días observando a la gente que ahí vivía. Finalmente regresaron a su pueblo para informar sobre lo que habían visto y lo que tenían que hacer para tomar la tierra que Dios les había dado. A pesar de que los doce hombres recorrieron y observaron lo mismo, hubo discrepancia en lo que percibieron e informaron, ¡Tremenda discrepancia! En efecto, Calef, después que hizo callar a la multitud, dijo con profunda convicción y actitud triunfadora:

> Subamos luego, y tomemos posesión de ella; porque más podremos nosotros que ellos. (Números 13;30)

Pero los otros diez hombres también debían informar lo que vieron. Así que, subiendo con una actitud de derrota, dijeron tristemente a todos:

> No podremos subir contra aquel pueblo, porque es más fuerte que nosotros.
> La tierra por donde pasamos para reconocerla es tierra que traga a sus moradores; y todo el pueblo que vimos en medio de ella son hombres de grande estatura.
> También vimos allí gigantes... raza de gigantes y éramos nosotros, a nuestro parecer, como langostas; y así les parecíamos a ellos. (Números 13:31-33)

Tristemente, el pueblo creyó más a estos últimos diez hombres, que a Calef y Josué. Fue un acto en el que los judíos mostraban no creer ni tener fe en Dios, muy a pesar de todas las manifestaciones que Él les había mostrado desde que salieron de Egipto y hasta la llegada a la tierra prometida. Por ello, a excepción de Calef y Josué, Dios castigó a todo hombre mayor de 20 años, impidiéndole llegar a la tierra que Él había prometido a Israel, a través de Abram:

> Y apareció Dios a Abram, y le dijo: A tu descendencia daré esta tierra. (Génesis 12:7)

Transcurrieron cuarenta años para que una vez muerta la generación castigada por Dios, la nueva generación entrara a su tierra, al mando de Josué. El pueblo de Israel desde luego que tendría que enfrentar a quienes habitaban ese lugar, pues por mandato divino les pertenecía; ciertamente era una tarea por demás difícil y peligrosa, sin embargo tenían que hacerlo con la seguridad de la promesa que Dios les había dado. Para que Josué no claudicara y se repitiera lo que había sucedido antes, que por miedo no entraron a tomar posesión de su territorio, Dios dijo a los israelís en cuatro ocasiones:

> "Esfuérzate y sé valiente, porque tú repartirás a este pueblo por heredad la tierra de la cual juré a sus padres que la daría a ellos. Solamente esfuérzate y sé valiente... (Josué 1:6-7)

Y el pueblo de Israel, al mando de Josué, logró tomar posesión de aquella tierra, como también lo hizo a partir de mayo de 1948 para crear la moderna nación de Israel. Nuevamente, los judíos tenían que actuar con la actitud de "esforzarse y ser valiente", que les ha dado empuje e iniciativa para estar continuamente buscando la siguiente oportunidad. De hecho, "esforzarse y ser valiente" no solo es un versículo bíblico, sino, más importante, un elemento en el código genético del pueblo de Israel.

Volviendo con el riesgo, que es inmanente a la innovación, no puede eliminarse, empero, sí puede reducirse a niveles aceptables, como para emprender proyectos innovadores de gran calado. Los israelíes aceptan el riesgo y lo enfrentan como parte de su cultura y naturaleza; pero lo hacen con inteligencia y no con imprudencia.

El citado autor Steven Silbiger también hace una interesante observación en torno a la actitud de los judíos para enfrentar riesgos en el ámbito militar y la que han mostrado en las diferentes guerras en que han participado: la emprendida en su renacimiento como estado en 1948, la guerra de los seis días en 1967 y la del *Yom Kippu*r en 1973. Ahora hay una gran diferencia con respecto al pasado: en el presente ya no actúan como víctimas pasivas, sino que asumen una actitud ganadora que los ha llevado a ser una potente fuerza militar.[11]

También cabe hacer referencia a la arraigada formación que Israel ha desarrollado y fortalecido para poder enfrentar eventos sorpresa, como ha quedado claro en las guerras que ha librado desde el establecimiento del Estado de Israel en 1948. Seguramente que esto se debe a que los judíos han quedado marcados desde que estuvieron en Egipto y hasta su llegada a la Tierra Prometida por tres eventos sumamente peligrosos a los que pudieron sobrevivir y que después se convirtieron en tres fiestas conmemorativa del pueblo de Israel: *Passover (Fiesta de la pascua)*, *Purim (Suertes) y Hanukah (Festival de luces)*. Son eventos que les hace tener presente a los israelís, que necesitan estar en guardia y ser autosuficientes.[12]

No cabe duda, el historial, vivencias y experiencias que han tenido los judíos les han creado una particular forma de pensar y actuar, propia para orientarse a los resultados y beneficios y para asumir los riesgos con una actitud ganadora de que los primeros siempre superarán a los segundos. Una actitud que los impulsa a buscar la siguiente oportunidad y aprovecharla en su totalidad.

PENSAR DIFERENTE

Un principio para producir ideas y desarrollar innovaciones es pensar diferente, concepto que Steve Jobs mantuvo celosamente en Apple, reconocida como una de las empresas más creativas e innovadoras y de mayor valor de capitalización en el mundo. Jobs consideraba que la base para ser innovador se sostenía en pensar diferente, porque implicaba romper paradigmas o el orden establecido para crear innovaciones en productos de alto valor para sus usuarios y que les hicieran la vida mejor.

Una particularidad del judaísmo es contar con instrumentos para que su gente, desde pequeña, desarrolle su capacidad de pensar diferente. Como parte de la educación, los niños tienen que aprender hebreo, una lengua que se lee de derecha a izquierda, con un alfabeto distinto al tradicional, lo cual provoca la discontinuidad en la forma tradicional de pensar. Además, desde el núcleo familiar se emprenden acciones para que los niños desarrollen su creatividad, solucionen problemas y desarrollen confianza y seguridad en sí mismos

Por supuesto que las escuelas y universidades son parte esencial en el desarrollo de los israelíes. Es reconocida la calidad de sus universidades, que están a la altura de *Harvard, Princenton, Yale, MIT* y otras. A su formación universitaria, hay que agregar la que reciben durante su servicio militar, que es el más largo en el mundo en donde tienen que estudiar mucho más en mucho menos tiempo.

En el ejército, por el entrenamiento que reciben, los israelíes deben pensar y actuar con rapidez, de acuerdo con las circunstancias, particularmente si están en el frente o en operaciones. En ellos debe haber disciplina y confianza en sí mismos, con una claridad mental para tomar decisiones que pueden ser de vida o muerte. Les enseñan a enfrentar y solucionar problemas rápidamente, a que se adelanten a las circunstancias pensando tres o más jugadas y que actúen, sea lo mismo en el campo militar que en los negocios. Un entrenamiento único que ayuda a los jóvenes israelitas a desarrollar sus capacidades de liderazgo, de cumplir misiones, de producir ideas y de solucionar problemas; son experiencias y conocimientos que son transferibles al ámbito de la dirección de empresa que ellos aplican como directivos y en el desarrollo de *start-ups*. Shimon Peres hace un comentario acerca de la formación que reciben los israelís durante su servicio militar:

> El desarrollo militar tiene a menudo un doble objetivo. La aeronáutica, por ejemplo, puede aplicarse tanto a la industria civil como a la militar. El ejército, en colaboración con la industria civil, se convirtió en una incubadora tecnológica que permitió a mucha gente joven trabajar con equipos sofisticados y adquirir experiencia en puestos directivos.[13]

La efectividad en el desarrollo de los israelíes, desde su vida familiar, en la escuela, en la universidad, en su trabajo y en su servicio militar, explica por sí misma porqué ellos han destacado en alto grado, en todos los ámbitos; científico, tecnológico, artístico, económico, financiero, empresarial y profesional. Una historia que frecuentemente se comenta para representar objetivamente la capacidad de pensar diferente de los judíos, con una orientación a lograr resultados es la siguiente:

> Según las noticias, se pronostica que dentro de cinco días habrá un nuevo diluvio universal. La lluvia será incesante y el mundo será barrido.
> El Dalai Lama se dirige al mundo budista y les expresa: "Mediten y prepárense para su siguiente reencarnación".
> El Papa realiza una audiencia y dice a los católicos: "Confiesen sus pecados y recen".
> El Rabí principal de Israel por medio de la TV comunica a su pueblo: "Tenemos cinco días para aprender a vivir bajo el agua".

Afortunadamente las capacidades comentadas, propias de los israelíes, y en general de los innovadores, pueden replicarse como lo constatan diversas investigaciones en el campo de la neurociencia, afirmando que el 42 por ciento de las capacidades cerebrales son genéticas y el 52 por ciento depende del desarrollo que tiene el individuo, como son sus formas de aprendizaje, vivencias, experiencias, lecturas, pasatiempos, entre otras. Hay que recordar que. función que no se utiliza, se desarrolla y fortalece, es función que se atrofia y se reduce.

ACCIONES PARA LA INNOVACIÓN:

El pueblo de Israel históricamente ha cultivado diferentes capacidades y habilidades para la innovación y de la misma manera, cualquier organización tanto en grupo como en lo individual pueden desarrollarlas en forma ilimitada. La cuestión es emprender un programa dirigido a ese propósito y que lleve a crear las condiciones apropiadas para también engendrar una cultura de innovación propia, que es y será una exigencia para las empresas y organizaciones que participen en los escenarios de la 4ª Revolución Industrial.

Algunos lineamientos a seguir son los siguientes:

- Como ejercicio para desarrollar capacidades y habilidades, identificar en grupo algunos paradigmas, convencionalismos, ortodoxias comunes en la empresa, para después cuestionarlos y, en su caso, tratar de romper esos esquemas y convertirlos en oportunidades para producir innovaciones en sus prouctos, sevicios, procesos o cualquier área de la empresa.

- Cada miembro de un grupo debe hacer una presentación de lo que más le guste (lecturas, pasatiempos, deportes, pintura, música, etc.), para después establecer conexiones de los temas presentados con productos, servicios o procesos de la empresa, de manera que se produzcan ideas novedosas y más tarde desarrollar innovaciones con valor.

- Hacer volar la imaginación con la mayor fantasía en torno a la empresa, su negocio y sus productos, destacando detalles y sin críticar las ideas propuestas, sino enriqueciéndolas con más fantasía y nuevas ideas. Una vez agotado el tema, producir más ideas a partir de las diferentes fantasías presentadas y desarrollarlas como posibles innovaciones.

- Formular preguntas fuera de lo común y encontrar respuestas imaginativas o fantasiosas que después se puedan aterrizar en cuestiones prácticas:

¿Por qué el cielo es azul? ¿Qué ideas me producen las respuestas a la pregunta anterior que pueda aplicar en los productos, servicios o procesos de la empresa?

¿Qué pasaría en los próximos cinco años si la población en cada país y en el mundo entero se duplicara?

¿Qué pasaría si la presente generación llegara a tener un promedio de vida de 125 años?

¿Cómo puedo ser constante en el desarrollo de mis competencias y habilidades para la innovación, teniendo como marco la estructura y recursos actuales de la empresa?

El personal de la empresa, involucrado en ejercicios como los anteriores, debe tener presente que la innovación es una disciplina que puede aprenderse, aplicarse y dominarse, a partir de que se sustente en el desarrollo de capacidades y habilidades específicas. Y al igual que con el estudio de la música, cuyo aprendizaje requiere de práctica constante, particularmente si se pretende ser virtuoso al tocar algún instrumento musical, así también sucede con la innovación: para ser un virtuoso de la innovación se requiere práctica, práctica y práctica. Los beneficios llegarán como consecuencia lógica... y en grande.

CAPÍTULO

5

Design Thinking & System Thinking desde la Creación

La tecnología y la globalización están conduciendo hacia más disrupción y a mayor velocidad como nunca antes se había visto. Para mantenerse a la cabeza, las compañías inteligentes están recurriendo al diseño a fin de conectarse mejor con los clientes e identificar su ventaja competitiva.
Fortune 68, febrero 2018

Design thinking —particularmente empleando las técnicas y filosofías de un diseño centrado en el ser humano— así como el pensamiento sistémico, puede ayudarnos a entender la estructura que guía el mundo y apreciar cómo las nuevas tecnologías pueden modificar los sistemas en nuevas configuraciones.
Klaus Schwab
Shaping the Fourth Industrial Revolution

Pequeñas variaciones en las leyes físicas como la gravedad o el electromagnetismo harían la vida imposible... La necesidad de producir vida se encuentra en el centro de toda la maquinaria y el diseño del universo
John Wheeler
Universidad de Princenton.

La ciencia, se nos dijo, estudia las causas naturales, mientras que introducir a Dios es invocar causas sobrenaturales. Este es el contraste equivocado. El contraste apropiado es entre causas naturales por un lado y causas inteligentes por el otro. Las causas inteligentes pueden hacer cosas que las causas naturales no pueden. Las causas naturales pueden tirar las fichas de Scrabble en un tablero, pero no pueden ordenar las fichas para formar palabras o frases con significado. Obtener un arreglo con significado requiere de una causa inteligente.
Willia A. Dembsky
Diseño Inteligente. Un puente entre la ciencia y la teología

La Biblia se ratifica a través de los siglos. Nuestra civilización se basa en sus palabras. En ningún otro libro hay tal colección de sabiduría inspirada, realidad y esperanza.
Dwight Eisenhower

UN COMUN DENOMINADOR

El año pasado (2019), cuando el autor impartía un diplomado en innovación, proyectó una serie de fotografías excelentemente tomadas sobre diversos tópicos de la naturaleza: la azulosa tierra vista desde alguna nave espacial, un frondoso árbol, un majestuoso león en su hábitat, un hermoso pétalo de rosa vista bajo un microscopio, un delfín jugando, un inmenso bosque penetrado por la luz solar, el complejo cerebro humano, un conjunto de impresionantes cascadas, un extenso mar abierto, y otras más. Después de haber presentado alrededor de 25 fotografías, el autor preguntó a los participantes:

¿Cuál consideran ustedes que sea un común denominador entre los diferentes contenidos de las fotografías que acabo de proyectar?

Desde luego que hubo varias respuestas, las cuales se comentaban y analizaban con gran interés, hasta que llegó una, sobre la cual la mayoría de los participantes parecía coincidir, que en palabras más o palabras menos, decía: "Un común denominador entre lo que se acaba de proyectar, es que en todo ¡hay armonía, hay arte, hay diseño!

A esa respuesta, los participantes dieron comentarios interesantes, pero todos ellos parecían confirmar que efectivamente había diseño. Un ingeniero dentro del grupo de alumnos pidió hacer un comentario y expresó: "Efectivamente hay diseño" –y agregó-, "pero si reflexionamos, cada objeto que hemos visto no fue diseñado en lo individual o en forma aislada, independiente del entorno en que vive o se encuentra en su estado natural, sino que tal parece, fueron diseñados en forma sistémica, es decir, como parte de un ecosistema o sistema mayor".

Los participantes volvieron a expresar opiniones y dar ejemplos sobre realidades que se han conocido, para llegar a una conclusión aceptada en principio, por el grupo: "Todo lo existente, fue tratado bajo un binomio: DISEÑO Y SISTEMA.

No cabe duda, al observar cualquier fenómeno de la naturaleza, sea por lo que alcanzamos a ver cuando alzamos la vista al cielo o bien, penetramos a lo más diminuto de lo existente, sea el hombre mismo, de cualquier miembro del reino animal y vegetal o de otros elementos de la tierra, llegaríamos a la conclusión de que en todo, absolutamente en todo, hubo un ENFOQUE DE SISTEMAS Y DISEÑO o bien, DISEÑO CON UN ENFOQUE DE SISTEMAS. Para utilizar conceptos de la 4a. Revolución Industrial, diríamos que hubo *Design Thinking y System Thinking*.

HAY DISEÑO Y DISEÑADOR

Al pensar en el contenido del apartado anterior, viene a la memoria el teólogo William Paley (1743-1805) que razonó en torno a un Dios relojero. Paley decía que si alguien encontrara un reloj en el campo y examinara con curiosidad cómo estaba hecho y cómo funcionaba, razonaría que detrás de ese reloj forzosamente había un relojero en virtud de que no podría ser producto de procesos naturales aleatorios. Siguiendo el razonamiento de Paley, se podría afirmar entonces, que detrás de un diseño, siempre habrá un diseñador.

Desde luego que el pensamiento sobre el diseño en las obras de la naturaleza no es nuevo, ya que en la antigüedad era común aceptarlo como producto de una inteligencia y no de la casualidad. No podía ser de otra forma, ya que la naturaleza, con todos sus elementos, ha maravillado al común de los mortales que se detienen a observarla, contemplarla y disfrutarla; en todo ello resalta que existe diseño, ¡Un gran diseño!

El rey David quedó maravillado de lo que alcanzaba a mirar en torno a la naturaleza y no pudo más que expresarlo en uno de sus salmos:

> Los cielos cuentan la gloria de Dios
> Y el firmamento anuncia la obra de sus manos.
> Un día emite palabra a otro día,
> Y una noche a otra noche declara sabiduría.
> (Salmos 19:1-2)

De las estrellas, el sol, la luna y hasta donde alcanzaba su vista, David hacía un reconocimiento pleno a la creación de Dios, maravillado porque contemplaba la forma en que todo estaba dispuesto y que en conjunto expresaba un mensaje de Su Creador que le hacía sentir un profundo gozo. Era la obra producida por las manos de Dios; una creación, de la que David, de haberla visto en el presente, hubiera dicho: "el firmamento anuncia el gran diseño inteligente que enmarca la gloria de Dios".

Años después, en la antigua Grecia (1200 A.C. a 146 A.C.), los filósofos griegos, entre los que estaban Platón y Aristóteles, no aceptaban que el universo fuera producto de la casualidad. Ellos razonaban que el diseño del mundo natural era una prueba clara e indiscutible de que había inteligencia.[1]

Más tarde estuvo Agustín de Hipona, conocido como San Agustín (354-430 D.C.), considerado uno de los más grandes genios de la humanidad, máximo pensador del cristianismo del primer milenio y autor prolífico, que escribió sobre filosofía y teología. En una de sus mejores obras, La Ciudad de Dios, San Agustín reconoció la obra del Creador y con ello, la realidad de que en el mundo había diseño.[2]

Después del oscurantismo medieval (siglo V al siglo XV), en el inicio del Renacimiento, el monje Nicolás Copérnico (1473-1543), Galileo Galilei (1564-1646) y los astrónomos en general, estaban convencidos de que sus investigaciones las llevaban a cabo para constatar el movimiento de los astros y estudiar las trayectorias que Dios les confirió desde el principio. También hay que mencionar a los filósofos, físicos y matemáticos como Pierre Louis Maupertuis (1698- 1759), el suizo Leonhard Euler (1707–1783), entre muchos otros, que tenían la Biblia como fuente de conocimientos, pues además de ser fieles creyentes, estaban totalmente convencidos de que detrás del diseño estaba el Dios de ese libro milenario.

El astrónomo alemán Johannes Kepler (1571-1630), al observar la naturaleza y el gran universo, no pudo más que maravillarse y exclamar:

> Es inminente el día que nos será dado leer a Dios en el gran libro de la naturaleza con la misma claridad con que lo leemos en las Sagradas Escrituras y contemplemos gozosos la armonía de ambas revelaciones.[3]

El genial físico inglés, Isaac Newton (1642-1727), en una carta escrita el 10 de diciembre de 1692, decía a su amigo Richard Bentley:

> Cuando escribí mi tratado acerca de nuestro sistema (Principia), tenía puesta la vista en aquellos principios que pudiesen llevar a las personas a creer en la divinidad, y nada me alegra más que hallarlo útil para tal fin.[4]

El célebre naturalista sueco Carlos Linneo (1707-1778), que estableció los fundamentos de la taxonomía moderna para sentar las bases de la clasificación científica de todos los seres vivos, escribió:

> He visto a Dios de paso y por la espalda, como Moisés, y he quedado sobrecogido, mudo de admiración y de asombro... He acertado en descubrir sus huellas en las obras de la creación y he visto en todas ellas, aun en las más pequeñas, aun en las que parecen nulas, que hay una fuerza, una sabiduría y perfección admirables".[5]

Cabe señalar que la mayoría de los fundadores de la ciencia moderna, surgidos a partir del Renacimiento, eran personajes interesados en teología, tomaron la ciencia con un enfoque para descubrir la presencia de Dios en la creación. Ellos tenían gran interés en investigar el mundo natural a partir de su particular cosmovisión.

Sin embargo, también hay que mencionar al inglés Charles Robert Darwin (1808-1882), biólogo, geólogo y naturalista, quien afirmó con su teoría de la evolución que todas las especies vivas habían descendido de ancestros comunes. En su teoría, Darwin asume que el desarrollo de la vida surge de algo que no tenía vida; los organismos complejos evolucionan desde un ancestro simple, en un proceso que él llamó la selección natural, en la cual se da una lucha por la existencia. A pesar de que Darwin afirmaba que la vida surgió en forma aleatoria, sin diseño alguno y sin intervención de Dios, cuando estaba a punto de morir, en medio de vértigos y angustia, él clamó a Dios.[6]

Dios no estaba en la obra de Darwin, pero hacia la mitad de la década de 1950, en los inicios de la bioquímica y con una tecnología que no existía en los tiempos del creador del evolucionismo, los científicos penetraron en las entrañas de las células con marcado detalle y se dieron cuenta de que –según ellos-, ese personaje evolucionista estaba equivocado. Entre esos científicos estaba Michael J. Behe, doctor en bioquímica de la Universidad de Pennsylvania y profesor e investigador en la Universidad Lehigh, en Pensilvania. Behe comentó que anteriormente había sido partidario convencido de la teoría de la evolución, pero después de continuar investigando y leyendo sobre su especialidad, le surgieron varias dudas y empezó a cuestionar la evolución hasta descubrir que hay sistemas complejos, como es la célula que, por su complejidad extrema, es imposible que hayan evolucionado mediante la selección natural.

En efecto, el doctor Behe y otros científicos descubrieron que dentro de las células hay mecanismos a nivel nano (que es la billonésima parte de una unidad) que funcionan con gran perfección y precisión, llevando a cabo complejas tareas de ingeniería. Son sistemas sofisticados, integrados por una gran cantidad de elementos autónomos que se interrelacionan e interactúan entre sí; un perfecto y complejo sistema, con lo cual superan lo que cada elemento por sí solo podría producir o lograr. Ese descubrimiento fue por demás impactante, debido a que no se puede hablar de la vida sin tomar en cuenta el complejo funcionamiento de esos mecanismos bioquímicos, de manera que el doctor Behe afirmó lo siguiente:

> No hay sistemas de células simples que puedan surgir tan solo por azar a partir de los seis elementos orgánicos (calcio, carbono, hidrógeno, nitrógeno, oxígeno y fósforo) para que luego evolucionen a sistemas celulares complejos.[7]

Por consiguiente, Behe y otros reconocidos científicos, después de despejar incógnitas y continuar investigando y estudiando, afirmaron categóricamente:

No hay duda alguna de que en la vida y en todo lo que existe en la obra de la naturaleza ¡HAY DISEÑO!, y si hay diseño... ¡HAY DISEÑADOR!

DISEÑO INTELIGENTE

Ante evidencias de extraordinario peso, Behe, como otros científicos, filósofos y pensadores, crearon un movimiento que resalta el diseño inteligente detrás del origen de la vida, sosteniendo que en ello hay una complejidad irreductible, es decir, que es imposible pensar que lo existente en la naturaleza sea producto del azar o que pueda ser consecuencia de un desarrollo a partir de sistemas o elementos simples sin vida, como lo afirma la teoría de la evolución, para llegar a sistemas altamente complejos como es la célula.

Al doctor Michael Behe se le unieron personajes relevantes en sus respectivos campos, como el filósofo y matemático William Dembski, así como Sfeogeb Neter y Paul Nelson, especialistas en filosofía de la ciencia, y Jonathan Wells, experto en biología molecular. También se agregaron más tarde tres científicos, Charles Thaxton, Roger Olsen y Walter Bradley; el primero de ellos es el autor del libro *The Mystery of Life's Origin*, (El misterio del origen de la vida) publicado en 1984. Esta obra presenta un estudio basado en la teoría de la información para manifestar que el origen de la vida solo se puede entender a partir de un diseño inteligente. Más tarde en 2004, y siguiendo esa corriente, el famoso filósofo ateo Antony Flew anunció que por razones científicas había cambiado su cosmovisión al conocer que el contenido de información en la complejidad molecular universal del ADN fue un sólido argumento para pensar en el diseño inteligente de Dios.[8]

Ante esa ola de descubrimientos sustentados en la bioquímica, teoría de la información y otras disciplinas que ahora son propias de la 4ª Revolución Industrial, Denyse O'Leary, hizo un sólido comentario a manera de conclusión:

> Ahora sabemos más sobre el universo y sobre la vida en la Tierra, y ha pasado una cosa sorprendente. Lejos de dar soporte a un universo ateo y sin sentido, la evidencia respalda un universo que estalla de diseño. ¿Fue orquestado por un Dios omnipotente?[9]

La Biblia da un contundente sí a esa pregunta desde Génesis, el primer libro del Antiguo Testamento, en el primer versículo del primer capítulo: En el principio Dios creó... y luego sigue el proceso de los seis días literales de la creación. Durante estos días, el Creador produjo innovaciones a granel, centradas en el hombre y con un propósito, como se trató en el segundo capítulo de este libro.

Ahora vemos que lo tratado en los apartados anteriores de este capítulo, puede identificarse que en la mente de Dios había dos tipos de pensamiento, que utilizando conceptos de ahora en día, son: pensamiento de diseño (*design thinking*) y pensamiento sistémico o con enfoque de sistemas (*system thinking*); formas vitales de pensar para la innovación en la 4ª Revolución Industrial.

DESIGN THINKING (Pensamiento de diseño)

Allá por los años sesenta, Herbert Alexander Simon (1916 – 2001), economista, sociólogo, experto en ciencias de la computación e investigador en diversas áreas del conocimiento, presentó su obra *The Sciences of Artificial* (Las ciencias de lo artificial), que marcaba la diferencia entre el pensamiento crítico y el modo particular de pensar sustentado en diseño como un proceso para construir ideas. Él define el diseño como "La transformación de las condiciones existentes en otras preferidas".[10]

Lo interesante del planteamiento de Simon en torno al diseño es que precisa el concepto de diseño por parte de Dios y que se manifiesta en todo, absolutamente todo lo que Él creó. En efecto, el concepto de diseño del Creador fue dirigido para transformar las condiciones existentes originales en las condiciones que Él "prefería":

> Y la tierra estaba desordenada y vacía, y las tinieblas estaban sobre la faz del abismo, (Génesis 1:2)

A partir de esas condiciones existentes, Dios emprendió Su creación centrado en lo que era objeto de ello, como ahora se aplica *Design Thinking*. De esta manera se dio la creación de Dios durante seis días, transformando las condiciones originales -mediante diseño- en las que él prefirió:

> Fueron, pues, acabados los cielos y la tierra, y todo el ejército de ellos.
> Y acabó Dios en el día séptimo la obra que hizo; y reposó el día séptimo de toda la obra que hizo. (Génesis: 2:1-2)

Capítulo 5 Design Thinking & System Thinking desde la Creación

El planteamiento de Herbert Simon en torno al diseño es congruente con los conceptos de diseño aplicados por Dios en la creación. Las condiciones existentes —en las que había desorden, caos, vacío y tinieblas–, fueron transformadas en las "preferidas", es decir, en aquellas que Dios había planeado para que fuera el escenario del hombre; un proceso donde cristalizó la idea de que el "diseño es cambio".

Simon consideraba que el diseño era una poderosa herramienta para emprender el cambio y lograr soluciones y no solo una herramienta para estilizar un producto o "hacerlo bonito". Él se adelantaba en medio siglo a la idea central del concepto de cambio en la 4ª Revolución Industrial, al decir "El diseño es cambio".

Para ser más específicos, citamos el proceso de la creación del hombre en el momento en que Dios tomó elementos de la tierra:

> Formó, pues, Dios al hombre del polvo de la tierra, y alentó en su nariz soplo de vida y fue el hombre un alma viviente. (Génesis 2:7)

Este acto es expresado mediante el vocablo *yatsár* (formó), que significa que el acto de creación fue por diseño no como algo hecho sobre la marcha, enfatizando, en consecuencia, que el hombre es una obra de arte a partir de los elementos químicos que se encuentran en la tierra, es decir, la humanidad es una obra terrena producto de un diseño pensado.[11]

En el presente se cuenta con una disciplina y una herramienta para la innovación llamada *Design Thinking*,(DT), para que la gente en las organizaciones y empresas piense como diseñador y aplique sus mismas habilidades para generar innovaciones, solucionar problemas o tomar decisiones. Esto es explicable si tomamos en cuenta que muchas de las actividades que se llevan a cabo dentro de las organizaciones, como formular estrategias, elaborar programas de ventas y mercadotecnia; crear nuevos productos, procesos o modelos de negocios; establecer programas de desarrollo del capital humano y otras, deberían ser objeto de diseño, es decir, producirse mediante *Design Thinking*. Tim Brown, presidente de IDEO, consultor en innovación aplicando DT, lo define de la siguiente manera:

Design Thinking (DT) puede describirse como una disciplina que utiliza la sensibilidad del diseñador y sus métodos para conectar las necesidades de la gente con la tecnología disponible, para crear una estrategia viable de negocios que pueda convertir el diseño resultante en valor al cliente y en una oportunidad de mercado.[12]

DT aplica lo que tradicionalmente han sido las habilidades de los diseñadores en su propósito de conectar lo que quiere, desea o emocione a la gente, a partir de los recursos disponibles, para finalmente producir "algo hermoso con valor superior", que cumpla sus demandas. Esas competencias y habilidades que han aprendido y desarrollado los diseñadores durante décadas están contenidas en la figura siguiente:

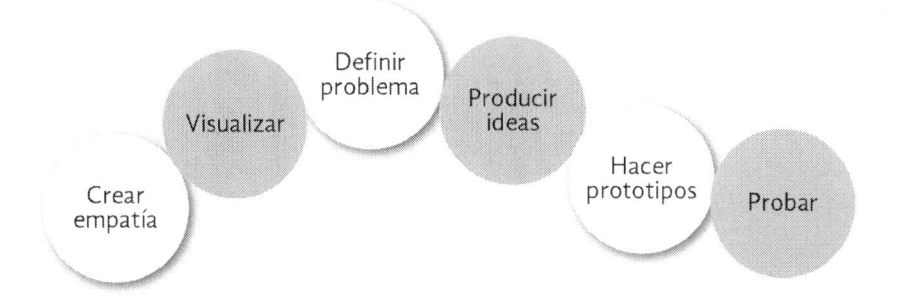

Crear empatía → Visualizar → Definir problema → Producir ideas → Hacer prototipos → Probar

Hay que tener presente que DT hace hincapié en ver al cliente o usuario de productos o servicios más allá de sus necesidades para proporcionarle experiencias, emoción y todo aquello que le haga la vida mejor. A manera de ejemplo están los productos de Apple, que además de cumplir sus funciones básicas para cubrir una necesidad en el usuario, también son diseñados para proporcionarle experiencias, satisfacciones y aun emociones al disfrutar un *iPhone, iPad o un iPod*. Además lo hace desde el momento mismo en que se abre el empaque –también objeto de diseño–, pues se disfruta desenvolverlo, tenerlo por primera vez en las manos y hacerlo funcionar. Una emoción y gozo que se logra al desarrollar innovaciones y soluciones mediante esa particular forma de pensar como es el pensamiento de diseño y que se complementa con el pensamiento sistémico, que se trata a continuación. Dos formas de pensar y dos herramientas para producir innovaciones de alto valor.

SYSTEM THINKING (Pensamiento sistémico)

En Su proceso de creación –según se lee en la Biblia–, Dios no creó cada cosa en forma aislada, sino en conjuntos –es decir, sistemas–, desde la luz –separando a esta de las tinieblas, para hacer el día y la noche– hasta crear al hombre en el sexto día y conformar así, un complejo sistema –el universo–, entendiendo que un sistema, en su forma más simple, es:

> Un conjunto de elementos interrelacionados e interdependientes que funcionan coordinadamente como un todo para lograr determinado objetivo.[13]

Ese gran sistema –el universo– a su vez está integrado por sistemas menores o ecosistemas que se identifican en todos los niveles, llegando a los elementos más pequeños, como pudieran ser las moléculas, células, átomos o quanta que, como lo ha demostrado la bioquímica, son altamente complejos, al igual que lo son los sistemas mayores. Dios, al crear y aplicar Su pensamiento sistémico, no consideró producir elementos aislados, tratados en forma independiente, sino que, al imaginar y contemplar Su creación, centrada en el hombre, la visualizó como un gran sistema en el que todos los elementos –el hombre, la flora, la fauna, los mares, el sol, la luna, los planetas, y absolutamente todo lo demás– serían interdependientes y tendrían interrelaciones entre ellos, de manera que en conjunto funcionarán como un solo cuerpo, una sola unidad.

Es interesante mencionar al apóstol Pablo, quien trató el tema de sistemas, mucho antes que los considerados pioneros en la materia, como son el biologo aleman Karl Ludwig Von Bertalafanffy (1901-1972), que en 1928 presentó su libro *The Systems Approach* (El enfoque de sistemas), proponiendo su teoría general de sistemas como una herramienta amplia, que podría ser compartida por diferentes ciencias, y así como también West Churchman (1913-2004), con su obra *The Systems Approach*, (El enfoque de sistemas),

El apostol Pablo hizo un planteamiento en forma objetiva del enfoque de sistemas, haciendo una analogía con el cuerpo humano para plantear la forma como debería funcionar una organización, refiriéndose a la iglesia de Cristo, en la cual cada creyente (componente del sistema) tiene sus propios dones y responsabilidades, enfatizando que, aun cuando desempeñen actividades diferentes, deben hacerlo en forma conjunta, como un solo cuerpo, para contribuir al objetivo del todo (sistema). Él así lo escribió en una de sus cartas a los Corintios:

> Porque así como el cuerpo es uno, y tiene muchos miembros, pero todos los miembros del cuerpo, siendo muchos, son un solo cuerpo... (1 Corintios 12:12)

Por esta razón, Pablo hacía hincapié en que no debía haber divisiones entre los componentes de un sistema, sino que los miembros deberían tener relaciones unos con otros; pero además, el apóstol destacaba el intercambio de información entre los diversos componentes de un sistema, porque los flujos de ella son los medios que integran a los componentes del sistema, para funcionar como un solo cuerpo, de acuerdo a un propósito

Debe destacarse que, mediante el pensamiento sistémico, se percibe una realidad como un todo (sistema), cuyos elementos se interrelacionan y son interdependientes para operar conjuntamente y cumplir determinada función. Visto de esa manera, el pensamiento sistémico no es una cosa, sino que es una forma de pensar para percibir las cosas como sistemas. Esto es por demás importante porque son las personas las que hacen o crean sistemas por su forma de pensar, como lo afirma un experto en el tema, Enrique G. Herrscher; vicepresidente de International *Society for the Systems Sciences*, quien en su estupenda obra Pensamiento Sistémico, escribe:

> La condición de sistema no es una cualidad intrínseca de las cosas, sino una actitud o apreciación de cada uno.[14]

También debe resaltarse que los sistemas creados en sus distintos y variados niveles se caracterizan por su complejidad y por el caos que puede percibirse a simple vista. Tomemos el caso de las células que conforman nuestro cuerpo y el de los organismos en general; cada una de esas células es una sofisticada y compleja estructura integrada por "máquinas", a su vez constituidas por moléculas, las cuales llevan a cabo funciones específicas y altamente complejas, además de contener en su ADN la información necesaria para su desarrollo y reproducción. Vista la célula bajo esta óptica, se observaría no solo la complejidad de su estructura, sino también un aparente caos.

Esa complejidad de la célula, como de los sistemas en general, es resultado de la interdependencia que se da entre los distintos elementos que los componen y, hay que recalcar, que no es el tamaño del sistema lo que lo hace complejo, sino el número de elementos que lo integran y producen interrelaciones entre sí. De esta manera, mediante el pensamiento sistémico pueden identificarse patrones que explican lo que es y hace el sistema, como también lo afirma el citado Enrique G. Herrsher:

> El imperativo de interdependencia, la necesidad de reducir interminables complejidades y la exigencia de lograr cierta simplicidad que fuera manejable, requieren de un modo diferente de pensar que permita concentrarse en aspectos relevantes y no en búsquedas de detalles sin significado para perderse en una mar de información inútil.[15]

En consecuencia, para entender el caos y la complejidad en los sistemas está el pensamiento sistémico, el cual evita perderse en los componentes del sistema y, en su lugar, permite identificar relaciones y conexiones entre ellos para ver un todo con propósito, sabiendo que la alteración de una de sus partes o elementos altera el todo o sistema.

Evidentemente, desde el punto de vista de la innovación, el pensamiento sistémico y el pensamiento de diseño se convierten en un binomio clave para desarrollar innovaciones de alto valor y beneficio. Es el binomio de la innovación *design thinking y system thinking* que Dios aplicó en Su creación; el binomio que es y será clave en la 4ª Revolución Industrial.

ACCIONES PARA LA INNOVACIÓN

Para fines de la presente obra y particularmente para este capítulo, se considera que la innovación para crear valor requiere de dos formas de pensar, *design thinking y system thinking*, sin embargo, hay que tomar en cuenta que su aplicación es cuestión de práctica constante en situaciones y problemas reales, para lo cual se dan los lineamientos siguientes:

- Hacer ejercicios para enfocar e identificar sistemas dentro de la empresa, en sus distintos niveles y áreas funcionales o de trabajo, con el propósito de destacar y tener presente los conceptos de interrelación e interdependencia de los diferentes elementos que conforman los sistemas identificados.

- Orientar a la empresa para que se desarrolle como organización en diseño, a partir de que se conozcan y apliquen *design thinking y system thinking* en sus formas más simples, con la idea de que el personal conozca las posibilidades de hacer innovación en productos, servicios y procesos, centrándose en el cliente o usuario de un producto o servicio, dentro de un contexto o ecosistema, y no solo considerando sus necesidades.

- Construir el ecosistema de la empresa, integrando proveedores, clientes, mercados, productos, eventos de entorno y demás agentes que influyan o impacten en la vida de la empresa. A partir de ese ecosistema hacer ejercicios de innovación en productos, servicios, procesos. Para esto, cabe plantearse y considerar preguntas como las siguientes:

¿De qué formas podríamos involucrar al personal para que de manera sencilla conozca y aplique principios básicos de *Design thinking y System Thinking*?

¿Cómo podríamos transformar el sector —sistema—, mediante la innovación en nuestro modelo actual de negocio que incluya plataforma digital, aplicaciones de algunas de las nuevas tecnologías y marketing digital?

¿A partir del ecosistema actual de la empresa cómo podremos producir innovaciones disruptivas de alto valor en nuestros productos, servicios y procesos aplicando tecnologías como inteligencia artificial, internet de cosas, nuevos materiales, realidad virtual u otras?

¿Qué pasaría en el sector económico al que pertenece la empresa —sistema—, si uno de los competidores sorpresivamente lanzara al mercado productos con nuevos diseños, inteligentes, muy superiores a los tradicionales que se han mantenido más de cinco años, sin cambio alguno?

Ante las realidades competitivas que se presentan en la 4ª Revolución Industrial, solo hay dos caminos para responder: ser espectador de lo que sucede o protagonista para hacer que sucedan las cosas. La diferencia estará en la forma de pensar —*aplicando design thinking y system thinking*— para emprender la innovación en un contexto que vaya más allá del sector tradicional en que se participa y siempre centrado en el cliente o usuario final. Los beneficios y ventajas competitivas llegarán por añadidura.

CAPÍTULO

6

El pensamiento estratégico para la 4ª Revolución Industrial

Hay múltiples formas para ganar en casi cualquier industria. Por eso es vital construir la capacidad de pensar estratégicamente dentro de una organización.
A. G. Lafley
CEO de Procter & Gamble

...verdaderamente hay que ser un tremendo ejecutivo para que una empresa dure más de dos mil años y cada día crezca más.
Luis Palau
Asociación Evangelista Luis Palau

La habilidad para cambiar el marco de referencia es una marca distintiva de los estrategas exitosos; para hacer esto, los estrategas necesitan ser capaces de cambiar sus perspectivas y crear nuevas formas de mirar las situaciones.
Julia Sloan
Learning to Think Strategically

¿Embriagados por el éxito ininterrumpido, acaso nos hemos vuelto demasiado autosuficientes para sentir la necesidad de la gracia redentora, demasiado orgullosos para orar al Dios que nos creó?
Abraham Lincoln
Decimosexto presidente de los Estados Unidos de América (1861-1865)

NUEVAS REALIDADES, NUEVAS CAPACIDADES

En la obra, *La Cuarta Revolución Industrial*, de Klaus Schwab, en la versión en español, Ana Patricia Botín, presidenta del Banco Santander, escribe el prólogo haciendo interesantes comentarios sobre los fenómenos característicos de esta era industrial y sus consiguientes tendencias e impactos, precisando que no son visiones del futuro, sino realidades del presente. En uno de sus comentarios, ella dice:

> Esta revolución generará millones de nuevos empleos para aquellos que posean las capacidades y la formación adecuadas. Uno de los mayores desafíos para los gobiernos y las empresas es formar la fuerza laboral del futuro y, al mismo tiempo, ayudar a los trabajadores de hoy a hacer la transición a esta nueva era económica.[1]

Es evidente que, ante los fenómenos surgidos con la llegada de la 4ª Revolución Industrial, sea necesario detenerse para reflexionar sobre las capacidades y la formación que se estarán requiriendo a quienes dirigen, trabajan y actúan en los nuevos tiempos. A este respecto, Mark Skilton y Felix Hovsepian, en su obra, *The 4th Industrial Revolución, Responding to the Impact of Artificial Intelligence on Business* (La Cuarta Revolución Industrial respondiendo al impacto de la inteligencia artificial) avalan el comentario anterior, al escribir:

> Esta nueva era requerirá de nuevas competencias y un nuevo lenguaje para describir el impacto para utilizar la fuerza de estas tecnologías y entender sus consecuencias.[2]

Hay que insistir en que para participar en la actual era económica industrial, los gerentes a nivel de alta dirección, así como consultores y profesionistas vinculados a las organizaciones requieren de una forma de pensar diferente a la puesta en práctica en las revoluciones industriales anteriores; implica incluir nuevas capacidades y habilidades, como frecuentemente lo exhortan expertos en el tema, partiendo de Klaus Shaw, heraldo de la 4ª Revolución Industrial.

Por su parte, el prestigiado periodista Andrés Oppenheimer en su último libro, ¡Sálvese quien pueda!, *El futuro del trabajo en la era de la automatización*, precisó algunas de las capacidades y habilidade requeridas:

> ...futurólogos que entrevisté coincidieron en que la formación académica y las habilidades como la creatividad, la originalidad, la inteligencia social y emocional serán clave para las profesiones del futuro.[3]

Y en otra parte de su libro, Oppenheimer afirma

> En el nuevo mercado laboral, en que cada vez más gente trabajará por cuenta propia, lo importante no serán los conocimientos adquiridos, los que cualquiera puede encontrar en el buscador de Google, sino la automotivación y las "habilidades blandas" como la creatividad, la capacidad para detectar nuevas oportunidades, la facultad de resolver problemas y el trabajo en equipo.[4]

Es explicable que en todos esos comentarios se puntualice que, para responder a los eventos de las 4ª Revolución Industrial, la fuerza directiva en particular requiere de nuevas capacidades, competencias y habilidades más allá de las comunes que dominaban en la revolución inmediata anterior. Idris Mootee, en su actualizado libro, *Design Thinking for Strategic Innovación*, (Pensamiento de diseño para la innovación estratégica) señala lo que también han hecho otros autores, académicos, directivos y expertos en negocios:

> Originalmente, la gerencia en general fue diseñada para cubrir necesidades fundamentales de negocios, como son: asegurar que las tareas repetitivas se llevaran a cabo, mejorar la eficiencia económica, maximizar la productividad laboral y la utilización de los activos fijos. Ahora las necesidades son completamente diferentes.

Necesitamos una nueva forma de actuar, una que sea inteligente, humana, cultural social y ágil, que además ponga la innovación en el corazón de cada movimiento.[5]

Ciertamente, a los gerentes, hasta la tercera *Revolución Industrial*, se les pedía que desarrollaran experiencias para cuidar la eficiencia y productividad en la parte operativa, asegurándose de que las tareas repetitivas se cumplieran al pie de la letra. Buscaban mejoras incrementales y celosamente defendían los éxitos del pasado para hacer más de los mismo. Esta idea se imponía desde los estudios sobre administración, tanto a nivel de licenciatura como de maestría, en cuyos programas de estudio tenían y generalmente tienen mayor peso las materias relacionadas con la parte operativa y se destacaban modelos de análisis de la operación, calidad total, cero defectos, *six sigma, lean organization*, y otros. Era evidente que entre los gerentes se había desarrollado una forma de pensar lineal y operativa que les hacía ver el futuro como una extensión del pasado, proyectando los conceptos de negocios vigentes para darles continuidad en el futuro. Una mentalidad que no es suficiente para enfrentar y responder a los escenarios hipercambiantes de la 4ª Revolución Industrial, cuyos eventos característicos son, entre otros, los siguientes:

- Los escenarios económicos y de negocios cada vez serán más volátiles, inciertos, complejos y ambiguos (VUCA).
- La competencia entre países y empresas será cada vez más aguda, turbulenta y complicada, sosteniéndose una "guerra" de ideas, estrategias e innovaciones.
- Las empresas están obligadas a digitalizarse, lo que las llevará a transformarse radicalmente en su modelo de negocios, en su estructura orgánica, en el diseño y manejo de plaformas digitales, desempeño de los gerentes y en la aplicación de tecnologías exponenciales en productos, servicios, procesos, cadena de valor, relaciones con clientes, lo que será determinante para la creación de valor, ventajas competitivas e innovaciones disruptivas.
- Para el tratamiento de grandes volúmenes de datos e información en que estarán inmersas las empresas, las que tendrán que utilizar tecnologías como *big data*, analítica, inteligencia aritificial, entre otras, para anticipar eventos y extraer inteligencia

más que información, como base para tomar decisiones más certeras y, asímismo, para mantener relaciones cercanas con clientes, anticipar sus intenciones de compra, proporcionarles más valor y mejor servicio.
- La innovación es y será el factor fundamental para competir y crear valor en productos, servicios, procesos, modelos de negocios y cualquier área o actividad de las empresas y organizaciones.
- El conocimiento, junto con la tecnología, continuará aumentando exponencialmente, superando la capacidad humana para absorberlo y aplicarlo.
- La ventaja competitiva en las empresas empieza desde sus gerentes de alta dirección, por su forma de pensar, como es el pensamiento estratégico, que es el que permite ver más allá de lo que el común de los gerentes ven, para advertir y aprovechar oportunidades de negocios y hacerlo, antes que sus competidores.

Estos eventos, que en su esencia contienen el binomio **conocimiento-velocidad** (la esencia de la profecía de Daniel tratada en el primer capítulo), no pueden enfrentarse con una mentalidad lineal y operativa, sino que obligan a pensar diferente porque los escenarios son diferentes. La 4ª Revolución Industrial, por su contenido tecnológico, fuerza y velocidad con que se producen sus eventos, requiere de una forma de pensar dinámica, sistémica, innovadora, disruptiva, visionaria, como es el pensamiento estratégico.

PENSAMIENTO ESTRATÉGICO

Los escenarios económicos y de negocios de la 4ª Revolución Industrial, como se le designó en el Foro Económico Mundial 2016, en Davos, Suiza, con eventos característicos como los citados en el apartado anterior, muestran que la competencia entre empresas se ha vuelto mucho más aguda, intensa y compleja de lo que era en la pasada tercera revolución. El actual escenario demanda una forma de competir que no es de productos por los productos mismos, sino de ideas novedosas, conceptos avanzados, innovaciones disruptivas y estrategias audaces, todo lo cual no es permanente, sino aceleradamente cambiante, acorde con los avances exponenciales de las nuevas tecnologías y de las aplicaciones que de ellas se hacen.

En esos escenarios, iniciados con el siglo actual, se llevó a cabo la primera clasificación para determinar quiénes eran los CEO con mejor desempeño en el mundo. Para ello se tomaron las compañías que cotizaban en bolsa y que habían llegado a las listas de *Standard & Poor Global 1200 y el S&P BRIC*, donde se eligieron a los directores que estuvieron en esas empresas por lo menos cuatro años y que hubieran asumido su cargo entre el 1 de enero de 1995 y diciembre de 2007, para medir su desempeño hasta el 30 de septiembre de 2009, en cuanto a la creación de riqueza para sus empresas.

La revista *Harvard Business Review* publicó en marzo de 2011 los resultados de esa medición, bajo el título de "Los 50 CEO con mejor desempeño en el mundo". Los diez primeros lugares fueron ocupados por los personajes siguientes[6]:

1. Steve Jobs, Apple
2. Yun Jong-Jong, Samsung Electronics
3. Alekey B. Miller. Gazprom
4. John T. Chambers, Cisco Systems
5. Mukesh D. Ambani, Reliance Industries
6. John C. Martin, Gilead Sciences
7. Jeffrey P. Bezos, Amazon
8. Margaret C. Whitman, eBay
9. Eric E. Schmidt, Google
10. Hugh Grant, Monsanto

Estos ejecutivos han sido protagonistas estrella que se han desempeñado con eficacia en la actual era industrial. Entre ellos están los siempre citados Steve Jobs y Jeffrey P. Bezos, fundadores y CEO de Apple y Amazon respectivamente, las dos empresas de más valor de capitalización en el mundo, hasta la fecha. Son directivos que han marcado pautas en la forma en que han dirigido sus compañías y emprendido innovaciones disruptivas en productos, servicios y modelos de negocios; han transformado a la gente en su forma de comunicarse, adquirir productos, estudiar, trabajar y pensar. En ellos, como en otros ejecutivos comprendidos en la clasificación y también fuera de esta, destaca una manera particular de pensar que es apropiada para responder a los desafíos y eventos de la 4ª Revolución Industrial. Es una forma de pensar que, por sus características y alcance, algunos autores e investigadores le han llamado pensamiento estratégico.

En el interesante libro *Thinking Strategically* (Pensando estratégicamente), escrito por destacados profesores de la prestigiada *Harvard Business School,* cuna de la gerencia estratégica, se precisa claramente lo que es el pensamiento estratégico, su naturaleza, alcance y características, en la forma siguiente:

> En su sentido básico, el pensamiento estratégico trata de analizar oportunidades y problemas desde una amplia perspectiva y entendimiento, del impacto potencial que las acciones pueden tener en otros. Los pensadores estratégicos visualizan lo que podría ser, y toman un enfoque holístico de los eventos y retos cotidianos. Y esto lo hacen en la forma de un proceso continuo, más que en un evento único.[7]

En el curso de esa obra, *Thinking Strategically* y a partir de la definición anterior, se identifican conceptos y acciones de lo que implica esa forma de pensar, como son los siguientes.

• El pensamiento se orienta al futuro para ver más allá de lo que generalmente percibe la mayoría de los gerentes, para identificar y aprovechar oportunidades en los escenarios en que participan.

• El pensamiento estratégico no se concentra en lo que existe, está o es (productos, procesos, modelos de negocios, mercados, clientes, competidores, etcétera), sino que visualizan lo que podría ser, a fin de generar innovaciones para crear nuevos mercados, desarrollar nuevos negocios y lograr ventajas competitivas antes que sus competidores.

• Mediante el pensamiento estratégico, los gerentes amplían su perspectiva para contemplar el escenario económico y de negocios en el mundo globalizado en que participan, visualizándolo y entendiéndolo como un todo dinámico o sistémico, a diferencia de los gerentes tradicionales que consideran eventos aislados y limitados al tomar decisiones.

- El pensamiento estratégico es parte integral de la forma de pensar y actuar habitual de los gerentes, mostrando que es un pensamiento que puede desarrollarse, al aplicar y cultivar las capacidades y habilidades que le son propias.

Para ser más objetivo en torno al pensamiento estratégico en acción, veamos el siguiente caso real, donde hay un encuentro de dos revoluciones industriales y sus correspondientes formas de pensar:

> En junio de 1980 se presentó el disco compacto (CD, por sus siglas en inglés), que contenía música grabada con la tecnología digital; un desarrollo tecnológico logrado conjuntamente por Philips y Sony que logró sustituir al tradicional disco de vinyl, de grabación analógica. Para la década de 1990, el mercado del CD se había consolidado y ya contaba con la participación de todas las empresas discográficas en el mundo.
>
> En esa misma década apareció la internet y la tecnología MP3 que comprimía los archivos de música para que se pudiera almacenar más información (música) en un CD o disco. En este escenario de música digital, en 1999, un joven menor de 20 años, Shawn Fanning Napster, desarrolló una plataforma para intercambiar archivos de música vía internet, lo cual significaba hacer descargas ilícitas, como lo denunció la Recording Industry Asociation of America (RIAA), que representaba a los fabricantes de música grabada, llevando a cabo las correspondientes demandas contra los que resultaran responsables de esa violación.
>
> En ese contexto, surgió Steve Jobs, quien había regresado a Apple en 1997 para levantarla cuando estaba a punto de desaparecer. Jobs observó los acontecimientos que se presentaban en ese sector de la música grabada, con sus participantes: los fabricantes de discos, el público consumidor de música, la nueva tecnología, las limitaciones, los problemas derivados de las descargas ilícitas y otros. Jobs, con su mente inquisitiva, analizó este escenario para también tratar de identificar oportunidades. Finalmente se preguntó: "Bueno, si se están peleando por las descargas ilícitas, entonces, ¿cómo se podría descargar música legalmente?

Steve Jobs mismo respondió con su iPod, un reproductor de audio que Inicialmente tenía el atractivo de que el usuario podía llevar 1,000 canciones en su bolsillo, y con iTunes Music Store, que se convirtió en una tienda de contenidos multimedia para que el público adquiriera sus canciones preferidas por melodía y no tuviera que adquirir un CD del que solo le interesaran dos o tres de las doce o más melodías contenidas. Jobs, con su pensamiento estratégico, quien no pertenecía al sector discográfico, vio más allá de quienes estaban dentro de este sector y logró identificar y aprovechar una gran oportunidad. Lo demás es historia.

Haciendo un análisis de ese acontecimiento, surgirían preguntas como las siguientes:

¿Por qué Sony, siendo dueña de un gran catálogo de música, anteriormente bajo la marca Columbia de Estados Unidos, además de ser líder tecnológico que había lanzado el *walkman* desde principios de 1980, no vio y aprovechó oportunidades en la explotación de la música digital en forma diferente, de acuerdo con las demandas de la gente?

¿Por qué los directivos de empresas de la industria de la música grabada, que durante años conocían los mercados propios, los artistas, música y músicos, los gustos del público, no tomaron iniciativas para explorar las nuevas tecnologías, cambios, tendencias y oportunidades?

La respuesta simple es que los directivos del sector se ocuparon por defender lo que siempre habían hecho, mientras que Steve Jobs, observador, curioso y "preguntòn", que no pertenecía a ese sector, buscaba intensamente nuevas oportunidades de negocios. En efecto, Jobs, primer lugar de los CEOs con mejor desempeño en el mundo, tenía un despejado pensamiento estratégico disruptor y lo aplicaba, mientras los directivos que habían vivido años dentro de su sector se avocaban a defender sus posiciones, lo que ya habían hecho y a dar seguimiento a las demandas contra Napster a través de RIAA. Ellos estaban marcados por su pensamiento lineal y sus viejos paradigmas, dirigiéndose a lo que existía, mas no a lo que podría ser y hacerse.

A mayor abundamiento en el tema de pensamiento estratégico, traemos a una experta en el tema, la doctora Julia Sloane, de la Universidad de Columbia, consultora en el desarrollo de ejecutivos a nivel mundial, quien llevó a cabo una interesante investigación entre altos directivos en el mundo para responder a tres preguntas específicas en relación con el pensamiento estratégico:

¿Cómo aprenden los ejecutivos exitosos a pensar estratégicamente?
¿Qué enfoques de aprendizaje utilizan los ejecutivos estratégicos de éxito?
¿Qué es lo más esencial por lo cual ellos aprendieron a pensar estratégicamente?

Los resultados de la investigación llevada a cabo por Julia Sloan están contenidos en su libro *Learning to Think Strategically* (Aprendiendo a pensar estratégicamente). Ella encontró que los ejecutivos que piensan estratégicamente tienen lo que ella llamó "los cinco atributos", a saber:[8]

1. Tener imaginación

La imaginación es clave entre quienes piensan estratégicamente, porque es una plataforma básica para esta forma de pensar, que permite tener una amplia perspectiva del escenario de la presente era industrial, en el cual se participa, conjuntamente con sus actores, eventos y tendencias. Esta plataforma, creada virtualmente mediante la imaginación, facilita y conduce a identificar y aprovechar oportunidades de negocios. Recordemos que de la imaginación surgen soluciones fuera de lo común y nuevas formas de ver lo tradicional para producir innovaciones disruptivas que llevan a la creación de nuevos productos y servicios, nuevos modelos de negocios, nuevos mercados, nuevas estrategias, que finalmente crean sólidas posiciones competitivas.

2. Tener una amplia perspectiva

El pensamiento estratégico amplía los horizontes en tiempo y espacio, observando y analizando con enfoque sistémico, los eventos de entorno, los competidores, los clientes y demás actores, calculando los probables y posibles efectos de sus estrategias, decisiones y acciones que emprende para competir. En ese escenario virtual del pensamiento estratégico, se identifican y aprovechan oportunidades de negocios, antes que los conpetidores que piensan en forma tradicional.

3. Hacer malabarismos con infomación incompleta e inexacta

La información para tomar decisiones estratégicas por lo general es insuficiente, limitada o incompleta debido principalmente a que se dirige hacia el futuro, por lo que los gerentes, gracias a su pensamiento estratégico, la complementan con su imaginación, experiencia e intuición y algunas herramientas como inteligencia competitiva, *big data*, analítica, inteligencia artificial, que en conjunto les permiten tomar decisiones estratégicas más certeras y oportunas.

4. Tener la habilidad para responder a eventos sobre los cuales no se tiene control

Los eventos y tendencias de entorno son fenómenos sobre los cuales los gerentes nunca han tenido ni tendrán control y menos en esta 4ª Revolución Industrial, cuando dichos fenómenos son más veloces, volátiles, complejos, inciertos y ambiguos. En este difícil escenario en que participan las empresas, los gerentes con esa forma de pensamiento estratégico, pueden identificar los eventos y tendencias de entorno, medir sus probables y posibles consecuencias e impactos, no para controlarlos, sino para responder a ellos en forma eficaz y oportuna, antes que sus competidores.

5. Tener deseo de ganar

El liderazgo de los gerentes surge desde su actitud y forma de pensar, que contagia y estimula a su personal para obtener logros, por lo que la actitud positiva y el deseo genuino de ganar, es energía que impulsa a los líderes y gerentes que ejercen el pensamiento estratégico como una forma regular de pensar y actuar. Esa actitud de ganador es una característica que resalta, tanto entre los 50 ejecutivos más efectivos del mundo, como de los que fueron objeto de entrevistas llevadas a cabo por la doctora Julia Sloan, para su investigación sobre el pensamiento estratégico.

Cabe resaltar que estos "cinco atributos", considerados por Julia Sloan, como resultado de la investigación que llevó a cabo, también pudieran identificarse entre líderes y directivos que históricamente han tenido excelente desempeño en el pasado. Claro está que por razones obvias no fueron considerados en esa investigación, pero no hay duda de que ejercían el pensamiento estratégico. Alejandro Magno, Napoleón Bonaparte, Thomas A. Edison, y, por supuesto Jesús de Nazaret.

EL CEO CON MEJOR DESEMPEÑO EN LA HISTORIA DE LA HUMANIDAD

A estas alturas y tomando en cuenta el tema que se está tratando, es para formularse la pregunta siguiente:

¿Quiénes serían los 50 CEO o líderes con mejor desempeño en la historia de la humanidad, en caso de que hipotéticamente se llevara a cabo una investigación al respecto?.

Desde luego que históricamente ha habido una gran cantidad de personajes entre militares, líderes, reyes, directivos, hombres de negocios, funcionarios públicos, que sobradamente cumplirían los parámetros para ocupar una posición entre los 50 CEO o líderes con mejor desempeño en la historia de la humanidad. Y entre estos personajes podrían estar algunos que están en la Biblia, si tomamos en cuenta en la investigación llevada a cabo por el doctor Augusto Cury, contenida en su libro, recientemente publicado, *El hombre más inteligente de la historia* (2018).

El doctor Cury, es psiquiatra y personalidad mundialmente conocida por sus diversas teorías desarrolladas en su campo, las cuales han sido adaptadas a cursos de posgrado en universidades de Brasil y otros países. Actualmente, el doctor Cury dirige la Academia de Inteligencia en Sao Paulo, un centro especializado en educación socioemocional con más de 250 mil alumnos inscritos; es autor de varias obras, que han alcanzado ventas por más de 28 millones de ejemplares a nivel mundial.

En torno a la investigación que llevó a cabo, el doctor Augusto Cury hace un comentario:

> Resolví estudiar de manera estricta y detallada la mente del personaje más famoso de la historia bajo criterios psicológicos, psiquiátricos, psicopedagógicos y sociológicos. Esperaba, al analizar la personalidad de Jesús, encontrar una inteligencia común, poco creativa o un "héroe" malinterpretado por los galileos. Sin embargo, quedé perplejo.[9]

En el proceso para llevar a cabo esa investigación sobre Jesús, el doctor Cury tomó las diez capacidades y habilidades siguientes:[10]

1. Habilidades en la gestión de las emociones.
2. Capacidad para filtrar estímulos estresantes.
3. Competencia para romper núcleos de tensión y reinventarse en el caos.
4. Capacidad para liberar su imaginación y desarrollar su creatividad.
5. Resiliencia y un umbral para soportar frustraciones.
6. Placer y capacidad en contemplar lo bello.
7. Capacidad de pensar antes de reaccionar y autocontrol.
8. Capacidad de ser empático y de construir puentes interpersonales.
9. Habilidad para formar pensadores y mentes brillantes.
10. Capacidad para ser autor de su propia historia, con conciencia crítica.

Es evidente que el doctor Cury quedó perplejo con la personalidad de Jesús, por su forma de pensar, de ser y hacer en el cumplimiento de su misión, que lo resume en el mismo título de su libro: El hombre más inteligente de la historia. Significa que Jesús tendría esas diez habilidades básicas, que, desde luego, en el presente son fundamentales para el desempeño de posiciones de alta dirección, de liderazgo y de agente de cambio e innovación.

También es evidente que Jesús cumpliría cabalmente con "los cinco atributos", señalados por Julia Sloan, así como también con los parámetros considerados para elegir a "Los 50 CEO con mayor desempeño en el mundo",

Es obvio que un personaje considerado como el hombre más inteligente de la historia, que cumple sobradamente con esas capacidades y habilidades se podría desempeñar como ejecutivo de alta dirección ante escenarios sumamente competidos, volátiles, complejos e inciertos, lo cual es confirmado por numerosos libros que han estudiado a Jesús desde el punto de vista del liderazgo y de la gerencia.[11]

En esas obras se han identificado claramente las principales capacidades que ahora en día son requeridas entre los personajes que desempeñan posiciones de alta dirección. En primera instancia, Él, como judío, cumple cabalmente con las capacidades que tienen los israelitas, las cuales se comentaron en el capítulo 4, y que han hecho de este pueblo un líder en innovación.

En efecto, Jesús poseía capacidades que, como se ha mencionado anteriormente, son vitales para líderes y directivos de la 4ª Revolucion Industrial, como las que brevemente se comentan a continuación.

ROMPER PARADIGMAS

En el cumplimiento de su misión, Jesús necesariamente tenía que romper paradigmas y convencionalismos arraigados entre el pueblo judío, desde que Moisés recibió de Dios los diez mandamientos:

> Y Dios dijo a Moisés: Escribe tú estas palabras; porque conforme a estas palabras he hecho pacto contigo y con Israel...
> ...y escribió en tablas las palabras del pacto, los diez mandamientos. (Éxodo 34:27-28)

Estos mandamientos fueron tomados por los líderes religiosos para ser estudiados, interpretados y explicados a la comunidad, agregando reglas de observación y cumplimiento, a través de los años y siglos. Para el tiempo en que Jesús estaba en el cumplimiento de su misión, había demasiadas obligaciones diarias que cumplir, de manera que el pueblo y, en particular los líderes religiosos, estaban sumergidos en reglas, mandamientos y disposiciones que crearon en ellos rígidos paradigmas para que solo vieran y reaccionaran ante las violaciones a la ley y no más allá.

En ese mundo, Jesús rompió paradigmas, convencionalismos, tradiciones y el orden estabecido en general, como fue, entre otros casos, sanar enfermos en sábado, que era día obligado de reposo y en el que prácticamente no se podía ni debía hacer trabajo alguno, por muy insignificante que pareciera. No obstante estas restricciones y a pesar del constante reclamo de los judíos, Jesús actuaba pensando en el hombre y, por ello, rompía esquemas tradicionales, sustentándose con autoridad y actuando en lo que era su centro de atención:

> El día de reposo fue hecho por causa del hombre, y no el hombre por causa del día de reposo. (Marcos 2:27)

La cuestión era que los líderes religiosos se centraban en la ley por la ley misma, ya que las reglas y convencionalismos habían creado una parálisis paradigmática entre ellos, mientras que Jesús, desde el principio, se centraba en el hombre, conforme su visión del reino de los cielos. Una gran diferencia de visión que resultaba en una gran diferencia en paradigmas y, consecuentemente, en las acciones que se emprendían.

Este atributo de Jesús es vital para los tiempos actuales, especialmente cuando se pasa de la tercera a la 4ª Revolución Industrial, cuando gerentes, hombres de negocios, líderes, profesionistas de todas las especialidades y la gente en general, todavía tienen arraigados paradigmas y convencionalismos de tiempos pasados que ya no son válidos para el presente. Es evidente que ante las nuevas realidades de la 4ª Revolución Industrial, romper paradigmas es un atributo obligado para responder, con una forma de pensar diferente, a las radicales transformaciones y cambios que se están produciendo por la digitalización de las empresas, por la aplicación de las tecnologías exponenciales y por la volatilidad, incertidumbre y complejidad de los escenarios de esta era industrial.

No hay duda de que romper paradigmas ortodoxias y convencionalismos en el presente y hacia el futuro, es fuente extraordinaria de oportunidades para generar innovaciones disruptivas; aquellas que crean alto valor y sólidas ventajas competitivas. Lo único que se requiere es pensar diferente y desarrollar las capacidades y habilidades para la innovación y el pensamiento estratégico.

Al romper paradigmas, no olvidemos: nuevas realidades exigen nuevas mentalidades.

ORIENTARSE AL CLIENTE O USUARIO

En el punto anterior se hace referencia a que Jesús actuaba centrado en el hombre, de hecho, era su razón de ser para cumplir con Su misión, desde el momento mismo en que, siendo Dios, se hizo hombre para vivir la naturaleza humana.

> Y aquel Verbo –Jesús– se hizo carne, y habitó entre nosotros (y vimos su gloria, gloria como del unigénito del Padre), lleno de gracia y de verdad (Juan 1:14)

Empero, Jesús se centró específicamente, no en quienes se sentían buenos, alejados del pecado y religiosos, o que se creían sanos espiritualmente, sino se dirigió directamente a los pecadores; gente que estuviera enferma espiritual y físicamente. Jesús creaba empatía con ellos para "colocarse en sus zapatos y caminar con ellos". El quería conocerlos por experiencia propia y responderles como correspondía a sus necesidades. Por eso, cuando los escribas y los fariseos vieron que Jesús comía con los publicanos y con los pecadores lo criticaron:

> Al oír esto Jesús, les dijo: Los sanos no tienen necesidad de médico, sino los enfermos ... Porque no he venido a llamar a justos, sino a pecadores, al arrepentimiento. (Mateos 9:12-13)

Esa capacidad de Jesús para crear empatía con receptores específicos es la requerida ahora en día entre líderes y directivos en general, que tienen que dirigirse a su receptor central, como es el cliente o usuario de un producto o servicio, derivado de la intensa competencia que se genera en esta era industrial. El cliente o usuario es el principio y fin de toda actividad de negocios o de procesos para servirlo; es el principio para llevar a cabo innovación que crea valor, programas de mercadotecnia o diseñar estrategias para competir. Esto explica porqué las recientes publicaciones en el ámbito de administración estratégica, mercadotecnia, innovación para crear valor, entre otras disciplinas, así como las técnicas y herramienta de innovación, como *design thinking*, hacen hincapié en centrarse en el cliente y verlo más allá de sus necesidades, es decir, como un ser humano que tiene deseos, expectativas, sueños y quiere nuevas experiencias.

No hay duda, esos enfoques actuales de centrarse en el cliente, Jesús lo ponía en práctica desde mucho, al centrarse en el hombre, que era Sú razón de ser, por eso, "Su empresa" ha prevalecido alrededor de dos mil años, y seguro que va para largo.

PENSAR DIFERENTE

Jesús no había caído en los paradigmas, convencionalismos y moldes que privaban entre el pueblo judío, sino que aportaba una mentalidad fresca, orientada al futuro del hombre para que tuviera vida eterna en comunión con Su Creador. El comentarista bíblico, William Barclay hace una reflexión sobre la forma de pensar de Jesús y las dificultades que encontraría durante su ministerio:

> Jesús era plenamente consciente de que había venido a la humanidad con nuevas ideas y con una nueva concepción de la verdad y se daba perfectamente cuenta de lo difícil que es introducir una idea realmente nueva en las mentes humanas.[12]

Una de las ideas nuevas que habría de introducir Jesús era el nuevo modelo de salvación. Como se comentó anteriormente, los líderes religiosos habían estado sumergidos en paradigmas y convencionalismos desde que Moisés entregó al pueblo de Israel los diez mandamientos que establecían las acciones que el hombre tenía que cumplir para agradar a su Creador y con ello, restablecer la comunión con Él. Sin embargo, el hombre no pudo cumplir, y así lo había vislumbrado Dios, por lo que cambió radicalmente el modelo de salvación. En su lugar, sería una innovación radical en el proceso de salvación del hombre: No era cumplir cabalmente con la ley, es decir los diez mandamientos, como está contenido en el

Antiguo Testamento, sino que Dios daría a su Hijo Jesús para que el hombre se salvara por fe y no por obras, como está escrito en el Nuevo Testamento:

> Porque de tal manera amó Dios al mundo, que ha dado a su Hijo unigénito, para que todo aquel que en Él cree, no se pierda, mas tenga vida eterna: (Juan 3:16)

Era un cambio radical que implicaba también un cambio en la tradicional forma de pensar, por lo que, ante el encuentro de la mentalidad del pueblo judío con la mentalidad de Jesús, Él exhortaba a pensar diferente, y lo hacía con metáforas para ser claro y objetivo:

> Nadie pone remiendo de paño nuevo en vestido viejo... Ni echan vino nuevo en odres viejos; de otra manera los odres se rompen, y el vino se derrama, y los odres se pierden; pero echan el vino nuevo en odres nuevos, y lo uno y lo otro se conservan juntamente. (Mateo 9:17)

En tiempos de Jesús, el vino se almacenaba en odres, que eran recipientes hechos de cuero, cosido y pegado para que pudiera contener líquidos, pero cuando eran viejos, el vino nuevo, que estaba en proceso de fermentación, echaba gases que hacían presión, con lo cual rompían los odres viejos porque ya no tenían elasticidad. En cambio, un odre nuevo tenía suficiente elasticidad para soportar la presión de los gases sin sufrir daño alguno. Con esta metáfora, Jesús quería decir que era necesario tener mentes suficientemente elásticas para aceptar nuevas ideas y que no las rechazara el cerebro. Era como decir "no pongan nuevas realidades en viejas mentalidades". Un aforismo válido hasta la presente revolución industrial.

CREAR MINERÍA DE CONOCIMIENTOS

Jesús desde su infancia, como hijo de judíos, leía y escudriñaba las Escrituras, lo cual hacía regularmente y con dedicación, destacando su mente inquisitiva para penetrar en los significados más profundos de ese libro. Precisamente, por el conocimiento que había adquirido Jesús, podía hablar con los doctores de la ley sobre temas contenidos en las Escrituras, y seguro que lo hacía con propiedad, puesto que era escuchado por aquellos. Recordemos que, en una ocasión, cuando José y María buscaban a Jesús siendo un niño todavía, lo encontraron en el templo, donde era costumbre en la fiesta de la Pascua que los doctores de la ley hablaran y discutieran temas religiosos y teológicos en el patio del templo y ante la presencia de los asistentes. Ahí llegaron los padres de Jesús, como lo refiere el apóstol Lucas:

> ...le hallaron en el templo, sentado en medio de los doctores de la ley, oyéndolos y preguntándoles. (Lucas 2:46)

Este pasaje no pretende presentar a Jesús como un niño fuera de lo común, sino como una persona que ya había cumplido sus doce años de edad y, por tanto, alcanzaba su mayoría para convertirse en hijo de la ley, de manera que tenía que cumplir con las obligaciones que la misma ley exigía. El multicitado William Barclay hace un comentario de ese momento:

> No se trataba de un niño precoz que dejaba apabullados con su inteligencia a los más sabios. Escuchar y hacer preguntas era la manera en que los judíos expresaban la relación de los alumnos que aprendían de sus maestros: Jesús estaba escuchando las discusiones y mostrando mucho interés en conocer y comprender como ávido estudiante.[13]

Años más tarde, cuando Jesús era un joven creado en el ambiente de un buen hogar, asumió el papel que le correspondía como hijo mayor para estar al frente del negocio familiar, en la pequeña carpintería al servicio del pueblo de Nazaret. En este ambiente, Jesús también adquirió conocimientos y experiencias de primera mano al tener la oportunidad de aprender actividades del taller, tratar con clientes, conocer diversidad de gente, solucionar problemas y enfrentar eventos propios del negocio. De esta manera Jesús obtenía información sobre problemas de la gente, del ambiente en que vivía y de los eventos cotidianos que se presentaban en su entorno.

Jesús vivía cerca de Galilea, un distrito intensamente poblado y seguramente lo conocía bien, porque fue ahí donde se dirigió para iniciar el cumplimiento de Su misión. El historiador judío, Flavio Josefo, descendiente de familia de sacerdotes, refiriéndose a los galileos, escribió:

> De todas las partes de Palestina, Galilea era la más abierta a las nuevas ideas. Siempre gustaba de las innovaciones y estaban dispuestos por naturaleza a los cambios y alucinaban con las sediciones.[14]

Jesús era profundo observador y curioso, lo que resultaba en ser inquisitivo para adquirir conocimientos. Y lo hacía desde que empezó a escudriñar las escrituras para interpretarlas, para después explicar sus mensajes en forma clara, profunda y estimulante, como se puede comprobar plenamente en el Sermón del Monte, así como en el uso de parábolas e historias y en las respuestas que daba a las preguntas capciosas o mal intencionadas que le formulaban los líderes religiosos y doctores de la ley. En todos estos casos, la minería de conocimientos que Jesús había desarrollado desde su niñez, era un sólido activo para cumplir con la fuerza y claridad de Su palabra.

ENFRENTAR RIESGOS

En el ambiente y condiciones en que Jesús emprendió su ministerio, era evidente que tenía que enfrentar a líderes religiosos que, por su forma de pensar, creencias, tradiciones y autoridad, así como por el poder que ejercían, representaban un fuerte riesgo. El hecho de que Jesús hiciera numerosos milagros entre la gente: que el ciego viera, que el cojo anduviera, que el muerto resucitara, que el enfermo sanara o que él perdonara a la adúltera, impedía que los religiosos lo aceptaran y por ello, lo perseguían. Esos milagros, para los judíos, eran causa de muerte, por lo que solo buscaban pretextos para detenerlo, acusarlo y condenarlo, como finalmente resultó.

> Y por esta causa los judíos perseguían a Jesús, y procuraban matarle, porque hacía estas cosas en el día de reposo. (Juan 5:16)

Un caso más de riesgo, entre otros, al que se enfrentó Jesús, lo vivió cuando restauró el orden en el templo que se había convertido en lo que ahora diríamos un "simple tianguis", orientado más a los negocios que al propósito de ser un centro de culto a Dios. Jesús, viendo que se abusaba de los peregrinos en los cambios de moneda y en la venta de palomas para ofrendar, no se detuvo y actúo al instante:

> Y entró Jesús en el templo de Dios, y echó fuera a todos los que vendían y compraban en el templo, y volcó las mesas de los cambistas, y las sillas de los que vendían palomas; y les dijo; "Escrito está: Mi casa, casa de oración será llamada; mas vosotros la habéis hecho cueva de ladrones". (Mateo 21:12-13)

Después de poner orden en el templo, de inmediato se dirigió a la gente que tenía necesidades, como eran los ciegos, cojos, pecadores y enfermos en general. Jesús enfrentaba los riesgos, pero no con imprudencia, sino con inteligencia, como corresponde a un estratega y líder eficaz, en todos los tiempos y espacios.

SABIDURÍA

En el ámbito de la gerencia y el liderazgo es común que, por lo general, no se considere la sabiduría como ingrediente en la toma de decisiones y casi ni se menciona. Además, suele considerarse que tener sabiduría es tener muchos conocimientos, empero, no es así. El reconocido profesor Theodore Levitt, de la Escuela de Negocios de Harvard, es de los pocos personajes que han destacado el papel de la sabiduría en el ámbito de la gerencia, cuando escribió:

> En un mundo hipercompetitivo, no es suficiente tomar las medidas supuestamente correctas, han de adoptarse en el momento preciso, con seguridad y confianza, que involucre a los demás para la acción, y sabiendo el efecto que tendrá para todos. Esto requiere no solo conocimientos y experiencias, sino también sabiduría.[15]

En efecto, la sabiduría no es tener muchos conocimientos, sino que es la adecuada aplicación de estos al momento de decidir, conforme un sistema de valores. Tomar una decisión que produzca una mayor rentabilidad, incluso a costa de que afecte al personal, puede ser una acertada decisión financiera planteada por un inteligente director financiero, pero no es una justa decisión sustentada en sabiduría que impediría afectar al personal. En este sentido, la sabiduría no es una cualidad intelectual, sino una virtud moral y espiritual, como se lee en la Biblia:

> El principio de la sabiduría es el temor a Dios. (Salmo 111.10)

Un principio que orienta y confirma a quienes dirigen y toman decisiones, para que actúen con sabiduría sustentada en los "buenos valores", como los que se tratan en el capítulo 9 y que Jesús mismo, por su sabiudría, cumplía y exhortaba a cumplir. Esa sabiduría y esos valores, Jesús los tenía plenamente arraigados desde su infancia, pues los había aprendido en su hogar, cultivado y vivido en un ambiente amoroso de familia.

> Y Jesús crecía en sabiduría y en estatura, y en gracia para con Dios y los hombres (Lucas 2:52)

Todavía más interesante, Jesús muestra que la sabiduría no se da por decreto o imposición, sino que se aprende desde el núcleo familiar y se aplica en la convivencia con los demás, particularmente cuando se es líder, o se tiene la responsabilidad de tomar decisiones. Responsabilidad que se debería cristalizar en el desempeño de posiciones directivas en el marco de la 4ª Revolución Industrial, en el que la toma de decisiones por parte de la alta dirección requerirá de una fuerte dosis de sabiduría. La misma sabiduría que Sir Winston Churchill pidió aquel 3 de noviembre de 1953 cuando pronunció su recordado discurso sobre política internacional en la cámara de los comunes, ante su profunda preocupación por la proliferación y el poder destructivo de las armas atómicas. El concluyó, clamando enfáticamente:

> Mi fe está en que con ayuda de Dios escojamos con acierto.[16]

El líder y héroe de la Segunda Guerra Mundial, Sir Winston Churchill, revelaba su fuente de sabiduría: Dios.

COMUNICADOR

La capacidad de ser un buen comunicador es también un requerimiento de los líderes y gerentes, pero particularmente de los hombres de la alta dirección. Una capacidad que Jesús manejó a la perfección, por su forma de hacer llegar sus mensajes a todo tipo de gente: campesinos, artesanos, líderes religiosos, políticos, gobernadores. Él procesaba sus mensajes de acuerdo con el perfil de sus receptores y utilizaba parábolas, historias y todos aquellos medios para que fueran claros y fácilmente comprensibles, de manera que llegaran con claridad, no solo a la mente, sino también al corazón de la gente que lo escuchaba. Jesús se dirigía de esta manera:

> A los pescadores les dijo: El reino de los cielos también es semejante a una red, que es echada en el mar, recoge de toda clase de peces... (Mateo 13:47)
>
> Al jardinero le dijo: El reino de los cielos es semejante al grano de mostaza que un hombre tomó y sembró en su campo... (Mateo 13:31.32)
>
> Al campesino: El reino de los cielos es semejante a un hombre que sembró buena semilla en su campo... (Mateo 13:24-25)
>
> Al panadero: El reino de los cielos es semejante a la levadura que tomó una mujer...
> (Mateo 13:33)

Esa capacidad de comunicar de Jesús le fue ampliamente reconocida en su tiempo, como en aquella ocasión en que un grupo de alguaciles fueron enviados por los principales sacerdotes y fariseos para que siguieran y observaran a Jesús, y luego relataran lo que decía y hacía. Los aguaciles, al informar a aquellos, solo exclamaron con plena convicción:

> ¡Jamás hombre alguno ha hablado como ese hombre! (Juan 7:46)

Jesús manejaba los principios básicos de la comunicación: identificaba y conocía al receptor, ligaba su mensaje con lo que este estaba familiarizado y, de esta manera, lo enviaba para llegar a la mente y corazón del destinatario. Seguramente que, por este impacto, personajes como el historiador Philip Shaff, han escrito sobre ese hecho:

Sin la elocuencia de las escuelas, habló tales palabras de vida como nunca antes o después fueron dichas; y produjo efectos que están más allá del alcance del orador o del poeta.[17]

Esta capacidad de comunicar está presente en la inmensa mayoría de los hombres de la alta dirección, como en los 50 ejecutivos más eficaces, incluyendo a Jesús. Esa capacidad de comunicar es energía pura que estimula a la acción, a lograr resultados, a cristalizar propósitos.

Los atributos anteriores identificados en la persona de Jesús, según la Biblia, además de lo aportado por el doctor Augusto Cury, que le llevaron a considerarlo como el hombre más inteligente de la historia, dan un perfil de lo que debería ser un estratega de la alta dirección para la 4ª Revolución Industrial. Esos atributos y competencias son las exigidas para responder a los eventos de esta era industrial; competencias y habilidades que han estado vigentes desde siempre, porque corresponden a actividades cerebrales que son aplicadas en cualquier contexto en que se requiera competir, propiciar el cambio, identificar oportunidades y aprovecharlas, superar a los competidores o adversarios, conquistar gente y espacios y lograr objetivos y posiciones. Una realidad que se acentúa en la presente 4ª Revolución Industrial.

ACCIONES PARA LA INNOVACIÓN

Los eventos característicos de la vigente era industrial, que son diferentes a los de las revoluciones anteriores, requieren actualizaciones en el desempeño y actuación del capital humano en todos sus niveles, particularmente en los hombres de la alta dirección. Esto significa que, al ser la fuerza motora de toda organización, se observen lineamientos como los siguientes:

• Los gerentes, en todos sus niveles, deben tener en su mente el perfil de la 4a. Revolución Industrial, su eventos, tendencias y tecnologías, de manera que conozcan su escenario, que está en constante cambio y en el cual están participando.

- Hacer ejercicios de creación de escenario alternos, probables y posibles, analizarlos para identificar cambios que debieran emprenderse hacia el futuro, para que la empresa pueda participar en forma congruente a las realidades propias de la 4a. Revolución Industrial.

- Los gerentes deben desarrollar capacidades como las tratadas en este capítulo, que son propias del pensamiento estratégico, haciendo ejercicios de análisis de tendencias y eventos de entorno, para identificar oportunidades de negocios y cómo aprovecharlas, a partir del modelo y concepto de negocios que tiene la empresa en el presente.

- Continuar formulando preguntas que nunca antes se han formulado y especular con respuestas que deriven en ideas propias para desarrollar innovaciones, particularmente en modelso de negocios, diseño de estrategias, programas de marketing, entre otras. Algunas preguntas son las siguientes:

¿Qué escenarios económicos y de negocios se advierten e imaginan hacia el año 2026, en los cuales pudiera participar la empresa y cómo sería el perfil de aquellos que se consideren como los más probables y posibles?

¿Cuáles tecnologías se consideran que son las que podrían aplicarse en la empresa, sea en sus productos o servicios, procesos o modelo de negocios? ¿Cuál sería el modelo resultante de esa aplicación?

¿Cómo podríamos desarrollar entre los gerentes las competencias y habilidades identificadas en Jesús, comentadas anteriormente en este capítulo?

En el desarrollo del pensamiento estratégico en los gerentes en general, hay que considerar que los directivos con esa forma de pensar se convierten en un activo intangible de peso y en una sólida ventaja competitiva. Son los ejecutivos requeridos para la 4a. Revolución Industrial y que pueden desarrollarse con práctica, práctica y práctica.

CAPÍTULO

7

Visión transformadora para la 4ª Revolución Industrial

El éxito de Elon Musk en Tesla, PayPal y Space-X sirve para demostrar los increíbles resultados que se derivan de la mezcla entre visión y liderazgo, gracias a una persona inspirada, con la ayuda de un ejército de seguidores igualmente inspirados.
Richard Branson
El Estilo Virgin

Las innovaciones más transformadoras provienen del mundo de las start-ups o de los líderes genios (Thomas Edison, Steve Jobs, Bill Gates y Elon Musk) quienes, con una firme visión, impulsaban la innovación en grandes y complejas empresas.
Kimar Mehta
The Innovaction Biome

No necesitamos magia para transformar nuestro mundo. Dentro de nosotros mismos tenemos toda la fuerza necesaria para hacerlo. Tenemos la fuerza para imaginar.
J. K. Rowling

Una de las primeras medidas que los gerentes deben tomar para mejorar su eficacia es visualizar lo que pretenden lograr.
El futuro de la Gerencia
Marc Van Der Erbe

La Biblia nunca ha dejado de proporcionarme luz y fortaleza en todas mis perplejidades y angustias.
Robert E. Lee.

IMPACTADO POR UNA VISIÓN

Hacia 1982, Apple seguía creciendo gracias a la gran aceptación de su Apple II. La compañía ya requería de un directivo de alto nivel con experiencia comprobada y suficiente para canalizar la energía y creatividad juvenil de Steve Jobs, Steve Wozniak, Mike Makkula y demás miembros de la compañía. La búsqueda de ese ejecutivo los llevó hasta John Sculley, presidente de PepsiCo, quien había demostrado su experiencia y capacidad en campañas que impulsaron las ventas de su empresa y que en un momento superaron a las de su tradicional adversario Coca-Cola. Sculley era un hombre eficaz en el marketing, ideal para que Apple llegara a la población joven.

Jobs, un joven de tan solo 26 años, se dedicó a cortejar, durante varios meses, al maduro hombre de alta dirección, John Sculley, de 44 años, quien no parecía interesarse en Apple, de la que afirmaba no tener conocimiento alguno. Finalmente, Jobs desafió a Sculley diciéndole enfáticamente: "¿Te vas a pasar el resto de tu vida vendiendo agua con azúcar o quieres tener la oportunidad de cambiar el mundo?".

La visión de Steve Jobs de cambiar el mundo, por la forma y confianza como la había expresado, impactó a Sculley. Fue una visión que hizo pensar al alto directivo de PepsiCo, quien finalmente aceptó trabajar para Apple a partir de la primavera de 1983, con un sueldo de un millón de dólares y la promesa de otro millón en bonificaciones.

Steve Jobs, con visión, pasión y confianza, con un claro convencimiento de lo que quería hacia el futuro, había impactado a un hombre que, por la posición que tenía, no era fácil de convencer, a menos que fuera algo con suficiente peso como para emprender un cambio radical en su vida. Lo que convenció a Sculley no fue el sueldo ni otros beneficios, sino una visión del papel que podría tener en el futuro para contribuir a cambiar el mundo. Bien decía Churchill: "Los hombres no siguen a los hombres sino a una visión".

La visión es ver con la imaginación los resultados futuros que se pretenden alcanzar; es ver por encima y más allá de cómo lo hace la mayoría de la gente. Tener una visión clara y objetiva genera una fuerza poderosa y hace actuar con un sentido de misión y propósito; es el impacto de conocer adónde se va y por qué. El psicólogo Edwin Locke, en su libro *The Prime Movers*, identifica los atributos fundamentales de los grandes líderes, como Steve Jobs, Sam Walton de Wal-Mart, Jack Welch de GE, Bill Gates de Microsoft, Walt Disney y J.P. Morgan, por citar algunos. Locke encontró que uno de los atributos comunes en ellos era tener una clara visión de lo que querían alcanzar; lo que los hace diferentes es su capacidad para ver hacia adelante.[1]

Desde luego que es comprensible que un líder deba tener esa capacidad, porque una visión claramente definida impacta, motiva y estimula a la gente a actuar con propósito, compromiso y resultados. Mark Hurd y Lars Nyberg, altos funcionarios de NCR, hacen una referencia interesante del tema en su obra *The Value Factor* (El factor valor), al afirmar:

> La visión es el apoyo estratégico para lograr el éxito. Más que un mapa para la estrategia de la empresa, la visión es la filosofía de un liderazgo organizacional efectivo. La fortaleza y claridad de nuestra visión dictará su éxito. Las visiones más efectivas de una empresa llegan a ser parte de su ADN, pero primero es el ADN de los líderes.[2]

Ese liderazgo, con una clara visión de lo que se quiere lograr continuará siendo una capacidad fundamental de los gerentes, funcionarios públicos y líderes que actúan en la 4ª Revolución Industrial, como lo han sido los distintos personajes citados en el curso de la presente obra: Larry Page, Sergey Bin, Jeff Bezos, Elton Musk, Bill Gates, Steve Jobs, Richard Branson, entre muchos otros. Son personajes fieles a su visión para dirigir a su personal, para estimularlo a que emprenda y cristalice grandes cosas, y lo haga con entrega, compromiso y pasión.

LA VISIÓN COMO REALIDAD VIRTUAL

El concepto de visión empezó a tratarse formalmente en el ámbito de la administración y el liderazgo desde finales de los años ochenta, aunque siempre había sido utilizada en la vida real —pero no por todos–, puesto que es una capacidad inmanente al hombre, como diseño de Dios y que Él mismo aplicó en su proceso de creación para establecer dirección y propósito.

Es de notar que la visión es una realidad virtual que se crea con la imaginación y que nuestra mente acepta al percibirla como una realidad objetiva y existente, sin establecer diferencia entre ambas, es decir, entre que sea virtual u objetiva. Tome el lector cualquier objeto que tenga a la mano, véalo, examínelo cuidadosamente desde diferentes ángulos y siéntalo en sus formas y materiales. Ahora cierre los ojos y vea con su imaginación el mismo objeto, también desde diferentes ángulos.

En el primer ejercicio estará teniendo una realidad objetiva como es el objeto físico, mientras que en el segundo ejercicio, nuestra mente, al ver ese objeto en la imaginación, estará creando una realidad virtual, pero su mente no sabe diferenciar entre una y otra realidad. Recordemos que los pilotos de los aviones más complejos, como sería un Airbus A380, no se entrenan y capacitan dentro de un avión real, sino en un simulador de vuelo, en el que, el piloto se crea una realidad virtual. Después toma un avión real y a volar.

La visión, como una realidad virtual crea el sentido de "estar allí" o de tener lo que se visualiza, y es tan real que así lo acepta nuestra mente, por lo que es importante fijar en ella una imagen suficientemente clara y pensar como si ya se hubiera logrado. Acertadamente, Denis Waitley escribe en su obra *Empires of the Mind* (Inmperios de la mente):

> Una forma de realidad virtual siempre ha estado disponible para diseñar nuestro futuro. El *software* es nuestra visión interna esperando que tan sólo sea operado, porque nosotros vemos más con nuestra mente que con nuestros ojos.[3]

No es casualidad que Dios hiciera que Abram se formara una visión clara sobre la promesa del hijo que tendría con su esposa Sara, quien sería la semilla para tener una gran descendencia, tan numerosa como el polvo de la tierra. Cuando Dios le renueva su promesa y le enfatiza que su descendencia sería como las estrellas en el cielo, Él hizo salir a Abram de su tienda y le dijo:

> Mira ahora los cielos, y cuenta las estrellas, si las puedes contar. Y le dijo, "Así será tu descendencia".
> Y creyó a Dios... (Génesis 15:5-6)

Desde luego que hubiera sido suficiente que ahí, dentro de su tienda, el Creador le hubiera afirmado a Abram la promesa de que su descendencia sería numerosa, pero las solas palabras hubieran sido demasiado abstractas e insuficientes para que Abram se creara una visión clara de lo que estaría en su futuro. Ante esa limitación, que Dios conocía, Él pidió a Abram que saliera de la tienda para mostrarle objetivamente la gran cantidad de estrellas brillando en el firmamento y decirle que tratara de contarlas. Ante esa realidad objetiva, Abram fácilmente construyó su realidad virtual; él visualizó lo que sería su descendencia: el pueblo de Israel. Y Abram le creyó a Dios...

Otro aspecto que se destaca en el pasaje anterior es que Abram, después de tener la visión de lo que sería su descendencia, "él creyó", lo cual hizo que él asumiera una actitud mental positiva, que Cristo Jesús, siglos después, precisó cuando le dijo a sus discípulos:

> Si pueden creer, al que cree todo le es posible (Marcos 9:23)

Esas palabras de Cristo son precisas en el sentido de que la obtención de logros es posible siempre y cuando se crea y se tenga la confianza y la "actitud ganadora" de que se pueden hacer realidad. Significa que creer es un pensamiento de fe que manifiesta un sentido de lo posible, de "sí se puede", "seguro, si puedo", "y por qué no" o "lo lograré", a diferencia de cuando se piensa con un sentido de lo imposible o pesimista, de "realmente no puedo", "es muy difícil" o "sí, pero...". En cambio, creer en lo posible es tener una actitud ganadora, actitud que la experta en pensamiento estratégico, Juliane Sloan, identificó entre los altos ejecutivos que entrevistó a nivel mundial para llevar a cabo su investigación sobre la forma de pensar de ellos y de tener visión. Los resultados de esa investigación se encuentran en su excelente obra, *Learning To Strategic Thinking* (Aprendiendo a pensar estratégicamente), donde Sloane escribió:

De acuerdo con los estrategas exitosos que he entrevistado, la formulación de una estrategia empieza por un fuerte deseo de ganar. Las razones pueden ser muchas y variadas, pero la actitud de ganar es fundamental. Este elemento afectivo es crítico para aprender a pensar estratégicamente... El componente afectivo frecuentemente es expresado en términos de pasión, convicción y emoción ...[4]

Abram, con una actitud positiva y ganadora, creyó y construyó su realidad virtual, como "si ya la hubiera cristalizado"; era una visión que contenía el sentido de lo posible y que se cumplió fielmente tiempo después. Dios confirmaba la fe de Abram y le cambió su nombre por Abraham, que significaba "padre de muchas naciones".

Una visión clara con una actitud mental positiva, crea una imagen mental —realidad virtual— que contribuye a vivir con un "sentido de lo posible", ya que ayuda a creer que su contenido se va a realizar, motivando a actuar como "si ya se hubiera logrado", porque "al que cree todo le es posible". Una ley que funciona en todo cuanto pensemos, tanto negativa como positivamente. Por eso, una seria advertencia: ¡Cuidado con lo que pienses... porque lo puedes lograr!

No cabe duda, tanto la necesidad del hombre de fijar una visión para llevar a cabo un plan o proyecto, así como la capacidad para diseñarla e imaginarla son elementos de su código genético. Por eso encontramos que todos los personajes bíblicos que tenían encomiendas de Dios siempre creaban su visión de lo que iban a emprender:

> Moisés con su visión de llegar a la tierra prometida
> Josué con su visión de conquistar la tierra prometida
> Nehemías con su visión de construir el muro
> Jesús con su visión del reino de los cielos

El problema del hombre es que no sabe o ignora por completo las capacidades que Dios le ha dado para imaginar, para creer, para tener grandes logros. No olvidemos que el hombre fue hecho a la imagen y semejanza del Creador ¡EN TODO! Lo único es creer y hacer.

UN CASO QUE ILUSTRA EL DISEÑO DE UNA VISIÓN EFECTIVA

En la Biblia encontramos el proyecto para emprender una gran obra, que es un caso que confirma la importancia y beneficios de tener una visión en un grupo humano u organización, pero además nos da principios claros y efectivos para diseñar un concepto de visión. El proyecto en cuestión es el referido a la construcción de la Torre de Babel, antes de la era cristiana y posterior al diluvio universal.

La Biblia narra que, después del diluvio, sólo quedaron ocho personas que posteriormente se fueron multiplicando, para que al paso de varias generaciones llegara a ser un pueblo que, como nómada, se desplazaba de un lugar a otro. Así llegó a las tierras del Sinar, donde ahora se encuentra Iraq. Una vez en ese lugar, en algún momento y bajo ciertas condiciones, el líder exhortó a su gente, con autoridad, confianza y entusiasmo, diciéndoles:

> Vamos, edifiquemos una ciudad y una torre, cuya cúspide llegue al cielo... (Génesis 11:4)

Fue un claro enunciado de visión, suficientemente preciso, contundente y convincente, porque se materializó con la forma en que la gente se entregó con pasión y compromiso a su trabajo. En efecto, todos los individuos trabajaban en conjunto, como un solo cuerpo; ellos estaban integrados en pensamiento y acción hacia un propósito claro; sabían adónde iban y para qué; tenían la visión de construir una ciudad y una torre cuya cúspide llegara al cielo. La manera como la gente se había entregado y comprometido con su visión y trabajo, así como por los avances en la obra, que lograba día a día, llamó poderosamente la atención de Dios, por lo cual Él exclamó:

> He aquí que el pueblo es uno, y todos estos tienen un solo lenguaje; y han comenzado la obra, y nada les hará desistir ahora de lo que han pensado hacer. (Génesis 11:6)

En el lenguaje propio de la 4ª Revolución Industrial, Dios habría expresado:

> Miren, ésta es una organización eficiente y eficaz orientada a resultados. Está funcionando como un verdadero equipo; su

personal está integrado en pensamiento y acción; trabaja con un sentido de misión y tarde o temprano cristalizará su visión de construir una ciudad y una torre cuya cúspide llegue al cielo.

Ante lo que había visto Dios, Él decidió detener ese gran proyecto de construcción y dijo:

> Ahora, pues, descendamos, y confundamos allí su lengua, para que ninguno entienda el habla de sus compañeros. (Génesis 11:7)

Es preciso aclarar que Dios no detuvo la obra simplemente por capricho, sino que lo hizo porque ese pueblo estaba desobedeciéndolo en el cumplimiento de la misión, que Él le había dado, cuando expresó:

> Y los bendijo Dios, y les dijo: Fructificad y multiplicaos; llenad la tierra. (Génesis 1:28).

El Creador había sido claro con el hombre al darle su misión de dar fruto, multiplicarse y poblar la tierra, mas no que se concentrara en un lugar o buscara otros caminos que Él no le había pedido. Esta fue la razón por la que confundió a los constructores de la Torre de Babel.

Al margen de lo anterior, el caso de la visión sobre la construcción de la Torre de Babel enseña lo suficiente como para derivar principios claros para el diseño de una visión efectiva, como son los siguientes:

1. El contenido de la visión debe señalar claramente el destino al que se quiere arribar, la organización que se pretende construir y los logros que esperan alcanzar. Significa precisar propósito y dirección.

2. Un enunciado de visión debe dirigirse a los miembros del grupo u organización, quienes mediante su desempeño o trabajo van a hacerla realidad. Por tanto, la visión debe diseñarse como un mensaje de comunicación a partir de esos miembros, es decir, del personal de una organización, que conforma el receptor central de ese mensaje.

3. En el enunciado debe precisarse en forma clara y de manera convincente, el gran objetivo que se quiere lograr, para que además facilite la creación de una imagen mental, de ese gran objetivo, entre los miembros del grupo que son los responsables de lograrlo.

4. El mensaje debe incluir, en primera instancia, verbos que resalten la actividad o trabajo que el grupo tiene que llevar a cabo para lograr con acciones precisas, el gran objetivo contenido en la visión.

No hay duda de que estos principios han sido tomados en cuenta por los grandes estrategas de negocios y emprendedores; su visión, con el tiempo, la han cristalizado con hechos y resultados. Es el impacto de una visión efectiva, muy diferente a las que son diseñadas en la mayoría de las empresas, como un concepto saturado de adjetivos y presentada en carteles pegados a la pared, en promociones, páginas *web* u otros medios, tratada simplemente como difusión de información, que es como no tener visión.

La consecuencia de no tener visión fue advertida, por experiencia propia, por el rey Salomón cuando expresó claramente en uno de sus salmos:

> Cuando no hay visión el pueblo se relaja.
> (Proverbios 29:18)

Evidentemente una organización o grupo que, como un todo, no conoce adónde se dirige y por qué, difícilmente avanzará. Esto también se observa a nivel de países, en donde sus líderes se confrontan, discuten y actúan, pero de forma desarticulada porque no tienen un proyecto claro de nación o visión para que la gente lo visualice, lo viva y contribuya hacia su cristalización.

En el caso de empresas, la falta de visión también contribuye a su fracaso, como se confirma con la alta tasa de mortalidad en el caso de las empresas PYMES en México, pues más del 50% de los negocios que se constituyen no llegan más allá de los dos años. Independientemente de las causas específicas que se señalen, la realidad es que detrás de ellas está la mala administración, que comprende la falta de una visión clara y, por tanto, no tienen dirección hacia el futuro.

VISION TRANSFORMADORA PARA LA 4ª REVOLUCIÓN INDUSTRIAL

En la actual etapa industrial no hay duda de que se requiere una visión más allá del diseño utilizado en el pasado, cuando el fenómeno de cambio era tenue, de manera que las empresas en su modelo de negocios, productos, servicios y procesos permanecían relativamente estables durante varios años, si es que no décadas. Esto es diferente en la actualidad, ya que el cambio es constante, acelerado, discontinuo y exponencial. Ahora se necesita una visión del futuro que vea más allá de cómo son los negocios en el presente; una visión que impulse al personal a prepararse para emprender transformaciones radicales que se advierten desde el presente ante los avances exponenciales de las nuevas tecnologías y que ya tienen y tendrán impacto en todo lo que nos rodea. En otras palabras, se requiere una "visión transformadora", para utilizar el concepto de expertos en el tema, cuyos resultados están contenidos en la obra *Leading Digital*.[5]

Un caso-ejemplo que ilustra lo anterior es el de las editoriales. Tradicionalmente la visión de una empresa de esta naturaleza se sustentaba en lograr liderazgo en su sector, de manera que sus obras o libros tuvieran el mayor alcance en su distribución y aceptación. El concepto de libro era constante porque no se contemplaban cambios significativos, casi desde que Gutenberg inventó la imprenta. Sin embargo, cuando surge la tecnología digital y más tarde las tecnologías como inteligencia artificial, robótica, internet de cosas, computación móvil, entre muchas otras, se advierte que hay y habrá transformaciones sustanciales en el sector editorial, como ha sido el libro electrónico.

En el caso de una empresa editorial, su visión debe sustentarse en el beneficio o valor que el lector recibe y no en el medio que lo provee, ya que éste estará cambiando como resultado de los avances tecnológicos. En este caso, la visión transformadora se proyectará como "transformarse en su estructura para proveer a los lectores información y conocimientos que contribuyan a su desarrollo personal, cultural y profesional, utilizando los medios tecnológicos más avanzados, que le faciliten la lectura, aprendizaje y retención de esos contenidos".

Con este enunciado de visión, se está sugiriendo al personal de la empresa que debe estar preparado para ayudar a emprender los cambios que tendrán que realizarse, así como para que se actualicen o para que aprendan nuevos conocimientos y desarrollen las capacidades y habilidades que se requieran en las nuevas realidades de esta era industrial. Son exigencias propias de las organizaciones y empresas para poder participar y competir en los escenarios volátiles, inciertos, complejos y ambiguos del presente y futuro; un futuro que ya se vive a diario.

ACCIONES PARA LA INNOVACIÓN

En la presente revolución industrial, las empresas requieren de una visión transformadora que integre en pensamiento y acción al personal de una organización, congruente con las nuevas realidades que se viven, por lo que, en su diseño, deben considerarse lineamientos como los siguientes

- Diseñar la visión de la empresa con un enunciado breve, sustancial y objetivo, tratado como un mensaje de comunicación, de manera que llegue nítidamente a la mente del recepetor central (personal de la organización) y facilite en ellos la creación de una imagen mental de lo que se pretende alcanzar.

- El contenido de la visión, para que sea trasnformadora, contempla más allá de lo que ahora es el concepto de negocio, de manera que haga hincapié en el cambio que la empresa y su personal tendría que hacer, por el impacto de las tecnologías exponenciales y las tendencias que ya son manifiestas en el sector a que pertenedemos.

- En el proceso de definir y diseñar el concepto de visión, también hay que formularse preguntas que antes no se habían formulado en la empresa:

¿Qué perfil de escenarios económicos y de negocios podemos visualizar hacia el año 2026, particularmente para nuestro sector, en un mundo globalizado intenso en tecnología?

¿Estamos preparados con la información, conocimientos, capacidades, habilidades y actitudes para emprender los cambios requeridos en nuestra empresa, que son necesarios para responder a los fenómenos de esos escenarios hacia 2026?

¿Qué pasaría si los productos y servicios actuales que la empresa ofrece, quedarán obsoletos o requirieran de una transformación radical en los próximos dos años?

Recordemos que en el diseño de una visión transformadora hay que tener presente esa seria advertencia del rey Salomón, que es válida para todos los tiempos y espacios, y que parafraseándola diría: "Cuando no hay una visión transformadora las empresas se derrumban".

CAPÍTULO

8

Misión para hacer innovación y crear valor

No cabe duda, vivir con un sentido de misión es dar significado a nuestro trabajo y a nuestra vida. Seguramente que esa fue la idea de Dios, puesto que después de haber creado al hombre, inmediatamente le define su misión sobre la tierra: Fructificad, y multiplicaos, llenad la tierra y sojuzgadla...
Fabián Martínez Villegas
La Biblia, El Tratado de Liderazgo Efectivo

Las misiones empresariales generalmente se expresan con altos niveles de abstracción. La vaguedad, no obstante, posee sus virtudes. No es propósito de las mismas expresar fines concretos, sino proporcionar motivación, dirección general, imagen, tino y una filosofía que sirva de guía para la empresa.
Fred R. David
La Gerencia Estratégica

Muchos han hablado y escrito de Jesús como predicador, taumaturgo, maestro y otras importantes facetas de su grandiosa personalidad. Pocos lo han descubierto como el jefe ejecutivo, líder administrativo que supo reclutar, capacitar, inspirar, motivar y dirigir un equipo de doce hombres que, bajo su misión, influencia y de acuerdo con sus planes, conquistaron el mundo para su causa.
Dr. Luciano Jaramillo Cárdenas
Jesús Ejecutivo

MISIÓN PARA REDIMENSIONAR EL TRABAJO

Hace muchos ayeres, en mi época de estudiante y cuando trabajaba en un despacho de contadores, las formas como definían profesionalmente a quienes ejercíamos la contaduría pública era: auditor independiente o auditor interno, fiscalista, contralor y otros términos, todos los cuales se centraban básicamente en el trabajo o actividades que se realizaban. Eran formas que se aceptaban desde la misma escuela en que estudiábamos.

Sin embargo, tiempo después, todavía desempeñándome en la contaduría pública, tuve la oportunidad de trabajar en un despacho internacional de contadores y consultores bajo enfoques totalmente diferentes. Hubo un jefe con el cual trabajé un par de años y de quien mucho aprendí, más allá de cuestiones contables, porque tenía una forma diferente de enfocar el trabajo que no enseñaban en las escuelas de contaduría pública. Él empezó por contarnos una muy conocida historia, que años más tarde encontré publicada en un artículo en la revista *Fortune*:

> *En los días de las torres nebulosas, solteronas afligidas y fornidos caballeros, caminaba un joven cuando se encontró a un trabajador golpeando fieramente una piedra con martillo y cincel. El joven preguntó al trabajador, que parecía frustrado y enojado con lo que estaba haciendo. El trabajador respondió con voz apagada: "Estoy tratando de dar forma a esta piedra, y es un trabajo muy agotador".*
>
> *El joven continuó su camino cuando de pronto se encontró a otro trabajador golpeando una piedra en forma similar al anterior. Este no parecía enojado pero tampoco feliz. "¿Qué está haciendo?", preguntó el joven. "Estoy dando forma a esta piedra para una construcción".*
>
> *El joven siguió su marcha y al poco tiempo vio a otro trabajador haciendo lo mismo que los anteriores, pero este cantaba felizmente mientras hacía su trabajo. "¿Qué está haciendo?", preguntó nuevamente el joven. Aquel trabajador sonrió y respondió orgullosamente: "Estoy construyendo una catedral".*[1]

Después de esta narración, nuestro jefe y líder nos dijo: "Jóvenes, no se menosprecien con la forma como se definen, porque se pierden en lo que hacen sin darle significado alguno a su trabajo y, con ello, a su vida misma. Deben pensar que su trabajo, en una u otra forma, contribuye a algo más grande e importante, que tiene un propósito mayor". Y continuaba: "Como contadores públicos, estamos apoyando a los gerentes a que tomen importantes decisiones y de formas más acertadas, en base a la información que preparamos y proporcionamos, a la que ustedes también contribuyen. De esta manera, ustedes no son picapedreros, sino constructores de grandes catedrales. Véanse de esta forma y asumirán la misión que tienen profesionalmente; no se pierdan en los medios sino en el gran propósito y de esta manera pensarán en grande para dar grandes resultados". Fue una extraordinaria enseñanza en los inicios de mi vida profesional, que con frecuencia recuerdo y recreo en mi quehacer cotidiano.

La historia anterior, como otras similares, acentúan la diferencia entre describir un trabajo por lo que se hace y describirlo por el valor o beneficio que proporciona a la persona que lo recibe; es la diferencia entre hacer hincapié en medios e ignorar el gran propósito; o en perderse en detalles y orientarse a resultados. Son diferencias que se resumen en existir para el trabajo o vivir plenamente a partir del trabajo, con un sentido de misión y propósito.

Vivir con un sentido de misión y propósito hace que...

...el personal de una fábrica de juguetes, más que fabricarlos, piensa en llevar entusiasmo, diversión y alegría a los niños.

...el personal que sirve en un restaurante como mesero, sienta que él hace que los comensales disfruten sus alimentos y tengan un tiempo agradable.

...un peluquero no corta el cabello, sino que hace ver bien a sus clientes.

...el personal de un despacho de consultoría en administración no proporcione asesoría sino que contribuye a hacer eficientes y eficaces a las empresas o a hacerlas más competitivas.

...el personal de un servicio de seguridad no cuida la empresa, sino le da paz a los usuarios de sus servicios.

...un profesor no da clases, sino contribuye al desarrollo personal y profesional de sus alumnos.

No hay duda, desempeñarse con un sentido de misión y propósito en cualquier actividad, profesión u ocupación, es redimensionar el trabajo, disfrutar del mismo y una forma de dar significado a nuestra vida.

JESÚS Y SU MISIÓN

Es indudable que el concepto de misión tiene un peso específico en cómo el hombre vive su vida; es una característica de los grandes triunfadores, de quienes han dejado huella sobre la tierra. Todos ellos sabían lo que querían, adónde se dirigían y por qué; ellos no solo existieron, sino que vivieron intensamente con pasión y logros, aún a pesar de las caídas que sufrieron.

El mismo Hijo de Dios, Jesucristo, se hizo hombre para cumplir una misión con un propósito claro. Recordemos lo que se ha tratado en capítulos anteriores, que Dios quería vivir con el hombre en una relación de Padre e hijo por toda la eternidad. Esta fue la visión del reino de los cielos, uno de los temas sobre los cuales, Jesús más habló.

Con esa responsabilidad que tenía Jesús, cuando llegó el momento de iniciar su ministerio, se presentó en la sinagoga, sabiendo la misión que tenía que cumplir. Ahí hubo una escena por demás interesante y de gran impacto sobre los enormes problemas que afligían y continúan afligiendo a la humanidad: pobreza, enfermedad, dolor, esclavitud, sufrimiento, opresión. Pero veamos el contexto en que se dio ese evento.

En la sinagoga había un arcón especial donde se guardaban los rollos de la escritura, ya que en ese tiempo no había libros como los que actualmente conocemos. Estaba un encargado, conocido como *jazzan*, quien, durante la ceremonia religiosa, sacaba los rollos que habrían de leerse. Él tomó un rollo que contenía el libro de Isaías, que es profético, y lo entregó a Jesús, quien lo desenrolló y empezó a leer su contenido:

> El Espíritu del Señor está sobre mí,
> Por cuanto me ha ungido para
> dar buenas a los pobres;
> Me ha enviado a sanar a los quebrantados de corazón;
> A pregonar libertad a los cautivos,
> Y dar vista a los ciegos;
> A poner en libertad a los oprimidos;
> A predicar el año agradable del Señor. (Lucas 4:18-19; Isaías 61:1-2)

Jesús terminó su lectura, enrolló el libro, lo regresó al *jazzan* y tomó su lugar para sentarse, mientras los ojos de todos se posaban sobre él. De inmediato, Jesús les dijo:

> Hoy se cumple esa Escritura delante de vosotros. (Lucas 4:21)

Esa parte de las escrituras que leyó Jesús era precisamente su razón de ser en la tierra; era su misión en detalle. Así, Jesús afirmaba en forma clara y contundente que Él era el Mesías de Israel y había venido expresamente a cumplir una misión para afrontar los sufrimientos que la humanidad había vivido a lo largo de su historia. Y esto era cierto, tanto en un sentido físico como espiritual. En efecto, hombres y mujeres estaban ávidos por conocer cómo irían hacia la eternidad, estaban sedientos de consuelo para sus estados de ánimo, necesitaban paz interna y sanidad física y espiritual, entre otras cosas. Eran y son estados físicos, emocionales y espirituales que Jesús conocía al detalle, desde el momento que se hizo hombre con ese propósito.

Jesús, al presentarse en la sinagoga, expresó su misión en forma clara, haciendo hincapié en en el valor que proporcionaría, de manera que hombres y mujeres la comprendieran claramente, para que se dieran cuenta de que ese valor, era lo que ellos buscaban y hasta el momento no habían encontrado. Observemos que Él no habló de su misión con abundancia de calificativos, como suele suceder en muchos enunciados de misión empresarial. Jesús habló con verbos que expresaban acciones concretas; dar buenas, sanar, pregonar, dar vista, poner en libertad y predicar con las cuales iba a cubrir las necesidades del hombre.

La misión de Jesús también impactó a sus discípulos, quienes la aceptaron de inmediato. Ellos la vivieron continua y consistentemente en cada momento, aun con los tropiezos que tuvieron; ellos actuaron con pasión y decisión, hasta el último día de su vida. Los apóstoles vivieron, y no simplemente existieron, con un sentido pleno de misión y propósito; ellos hicieron historia y dejaron una huella que ha permanecido hasta el presente, después de casi dos mil años.

CINCO PRINCIPIOS PARA UNA MISIÓN EFECTIVA

No hay duda, en materia de misión, mucho se puede aprender de la forma en que Jesús la presentó, comunicó y vivió, y continúa escuchándose todavía, a casi 2 mil años de distancia. De ese esquema pueden derivarse lineamientos para el diseño y tratamiento de la misión en el mundo de las organizaciones, como son los siguientes:

1. Centrarse en las personas

El concepto de misión (el quehacer esencial, las acciones) debe centrarse en la gente que va a recibir el valor y los beneficios ofrecidos. En el mundo empresarial, los clientes o usuarios finales son el centro principal de la misión, por eso hay que conocerlos más allá de sus necesidades, como un ser humano con deseos, expectativas, que busca experiencias y tiene sueños. Este conocimiento es el punto de partida para diseñar la misión.

2. Dirigirse como un mensaje de comunicación

El concepto de misión debe diseñarse y tratarse bajo el modelo de comunicación y, por tanto, se debe iniciar el proceso conociendo el perfil del receptor central, definido en el punto anterior, y con los medios apropiados, preferentemente no tradicionales, para hacer que el mensaje llegue nítidamente a la mente y corazón de ese receptor. Hay que hacer hincapié en que la misión tiene que manejarse como mensaje de comunicación que estimula una respuesta y no de difusión de información, como generalmente se hace en la vida real de muchas empresas, sin lograr su propósito hacia el receptor central.

3. Utilizar verbos y no adjetivos

El contenido del mensaje de la misión debe sustentarse en verbos que denoten claramente acciones concretas que se estarán emprendiendo para cumplir con el valor y beneficios ofrecidos y, preferentemente, evitar saturar de adjetivos, particularmente de aquellos que signifiquen autoelogios. La misión debe ser un concepto que impulse al personal a dar lo mejor de él mismo en el trato y relación con los demás

4. Hacer hincapié y valor que se proporcionan

La esencia del mensaje de la misión debe precisar con bastante claridad el valor o beneficios que estarán recibiendo el receptor central, recordando que el cliente o usuario no adquiere productos por los productos mismos, sino por el valor y beneficios que recibe mediante ellos, para satisfacerse más allá de sus necesidades, es decir, deseos, experiencias y aun sueños.

5. La misión debe ser congruente con la visión

El contenido de la misión debe ser congruente con el contenido de visión, tomando en cuenta que esta última define conceptualmente qué se pretende alcanzar o llegar a ser, mientras que el primero, la misión, señala el quehacer esencial para cristalizar la visión.

Es así como la misión y visión crean un binomio fundamental para integrar en pensamiento y acción al personal de las organizaciones. Es lo que se requiere y se demanda, ahora, en la 4ª Revolución Industrial cuando las organizaciones se diseñan como sistemas y su personal tiene que desempeñarse en equipo. De ello, y desde ahí, se estará sustentando la creación de valor, riqueza y ventajas competitivas.

LA MISIÓN EN LA CUARTA 4ª REVOLUCIÓN INDUSTRIAL

Para precisar el tratamiento e importancia de la misión en la presente era industrial, hay que aludir a lo tratado en el capítulo 2, cuando Dios le dijo al hombre, después de bendecirlo:

> Fructificad y multiplicaos; llenad la tierra... (Genesis 1:28)

Recordemos que, en primer término, el Creador dijo al hombre que fructificara, es decir que diera fruto o, lo que en términos actuales significaría que creara valor a partir de los recursos que tenía a la mano, lo cual implícitamente requiere hacer innovación. De esta forma Dios definía la misión del hombre sobre la Tierra como una responsabilidad, de manera que en cualquier trabajo que lleve a cabo debe crear valor y aportar más de lo que el mundo le da para vivir. Dios no quería ni quiere hombres o mujeres NINIS, que sólo destruyan pero no construyan, que sólo consuman pero no produzcan y que sólo existan mas no vivan. Él condena a aquellos que hacen de la pereza una forma de vida. El sabio Salomón, en su libro Proverbios, escribió sobre la pereza y el perezoso:

> La pereza hace caer en sueño; Y el alma negligente padecerá hambre. (Proverbios 19:15)

> Si fueres flojo en el día de trabajo, Tu fuerza será reducida. (Proverbios 24:10)

> Por la pereza se cae la techumbre, y por flojedad de manos se llueve la casa. (Eclesiastés 10:18)

Es evidente que en la vida de los hombres que han tenido logros no hay indicios de pereza o apatía, sino que en ellos destaca su pasión y perseverancia por el trabajo, el cual, en ningún momento les significó carga alguna, sino más bien un compromiso con ellos mismos, con los demás y con sus objetivos. En ese perfil de hombres y mujeres no vive la pereza, sino su misión, no cabe la negligencia, sino la perseverancia y no solo ven lo que hacen sino también el propósito de lo que hacen. Ellos tienen una clara y definida visión del destino al que quieren llegar y caminan a través de su vida con un sentido de misión y propósito.

Ese perfil de personas es el ideal para actuar y responder en la difícil, turbulenta y acelerada 4ª Revolución Industrial, bajo la cual el factor fundamental para conquistar clientes y mercados, competir y prosperar está en la innovación que implica crear valor. Empero, hay que precisar: es la creación de valor lo prioritario y no la captura de valor como todavía sucede.

En efecto, en el curso de las revoluciones anteriores y, todavía hasta el presente, ha sido común que una gran cantidad de empresas, tal vez la inmensa mayoría, como sería el caso en nuestro país, se sustenten en sus éxitos pasados para repetir lo que les ha funcionado, o bien sean seguidores e imiten a sus competidores o a las empresas que sí crean valor. Más aún, es posible que esas empresas no tengan intentos de transformarse de acuerdo con las nuevas realidades de la 4ª Revolución Industrial y, por lo mismo, continúen capturando valor, en lugar de crearlo siguiendo la línea de las nuevas exigencias de los escenarios económicos y de negocios. Este fenómeno ha sido estudiado, entre otros investigadores, por Idris Moote, consultor y experto en innovación, quien lo comenta en su muy interesante obra *Design Thinking for Strategic Innovation* (Pensamiento de diseño para la innovación estratégica):

> Más del 80 por ciento de nuestras herramientas y técnicas administrativas son diseñadas para la captura de valor y no para la creación de valor; esto incluye técnicas tales como administración de la calidad total (TQM), planeación de recursos (ERP), six sigma y sistemas ágiles. Estas herramientas son valiosas para que una empresa opere con fluidez. Pero en esta era industrial, debido a la alta competencia, las empresas deben enfocarse en la creación de valor más que solo en su captura, apoyados por diferentes técnicas y herramientas administrativas.[2]

Pero para cumplir esa misión de crear valor haciendo innovación en esta 4ª Revolución Industrial, las empresas tienen que digitalizarse y utilizar algunas de las nuevas tecnologías exponenciales; una tendencia que cada vez avanza más, lo cual sugiere que todas las organizaciones, en mayor o menor grado, serán tecnológicas, por lo que tendrán que utilizar plataformas digitales, aplicar inteligencia artificial, robótica y sistemas inteligentes, así como también, internet de cosas, redes, sensores y otras tecnologías exponenciales, reaadad virtual y extendida, en productos, servicios, procesos, modelos de negocios y en principio, en cualquier área de la empresa.

Empero, para que el personal cumpla su misión de crear valor ante esas realidades de la 4ª Revolución Industrial, es necesario cumplir dos puntos:

- El personal debe tener un conocimiento básico de las nuevas tecnologías, no para que sean especialistas en cada una de ellas, sino tan solo para tener un perfil de lo que son, su alcance, propósito y aplicación.
- Desarrollar su capacidades y habilidades para la innovación, que derive en una cultura que haga de la innovación una forma de pensar y actuar.

Es así como el personal, convertido en capital humano de las organizaciones y empresas debe vivir, individual y colectivamente, con su misión de crear valor, porque es la fuerza real para lograr crecimiento orgánico, rentabilidad a corto y largo plazo, competitividad y capacidad para responder a las demandas de clientes, a las acciones de la competencia y a los eventos de entorno. Recuérdese: es el capital humano y no la tecnología la que crea valor haciendo innovación.

ACCIONES PARA LA INNOVACIÓN

La misión es un elemento tanto del liderazgo como de la administración, que lo mismo puede ser simplemente un concepto decorativo, como también un factor que integre en pensamiento y acción al personal. Para lograr esto último, se sugieren lineamientos como los siguientes:

- En el diseño de una misión deben cumplirse con los principios presentados anteriormente: la misión debe ser congruente con la visión; hay que hacer hincapié en el valor y beneficios, utilizar verbos y no adjetivos. Se debe expresar como un mensaje de comunicación y enfocarse en al persona como receptor central de la comunicación.

- La visión y misión debe tratarse como un binomio dirigido a la integración en pensamiento y acción del personal. La primera –visión– que establece lo que se quiere lograr y la segunda –misión–, el cómo lograrlo mediante el quehacer esencial del personal de la organización

- Para que el personal cumpla con su misión de crear valor, la empresa debe prepararlo en cuanto a lo que significa este concepto, haciendo hincapié en la gente recibe un sueldo no por el tiempo que permanece dentro de la empresa, por las actividades que realiza, sino por el valor que crea en su posición de trabajo.

- En el cumplimiento de la misión tanto a nivel individual como organizacional es conveniente que se estimule al personal a que formule preguntas que no se había formulado y proporcione respuestas que lleven a la producción de ideas para que a su vez se desarrollen innovaciones.

¿Cómo se puede crear más valor aplicando las nuevas tecnologías, nuevos conocimientos e ideas en los actuales productos, servicios, procesos y cadena de valor?

¿Qué tipo de negocios resultaría si la empresa se fusionara con una compañía de seguros, una cadena de farmacias o con un hospital, y cuál sería su misión?

¿Cómo podríamos transformar el actual modelo de negocios físico en una empresa virtual de manera que se produzca más valor, beneficios y ventajas competitivas?

El proceso de fortalecer y desarrollar al personal de la empresa para que cumpla cabalmente su misión de crear valor y hacer innovación significa también un proceso de conversión de un personal tradicional que frecuentemente es considerado como una partida de costos o gastos a un personal que en conjunto forma un capital humano o activo intangible, como también se le denomina. Por tanto, con esa naturaleza de capital humano o activo intangible, hay que darle mantenimiento continuo para que crezca y se fortaleza, porque en esta forma se estará fortaleciendo al negocio mismo, como una entidad que crea valor, riqueza y ventajas competitivas.

CAPÍTULO

9

El Sermón del Monte llega a la 4ª Revolución Industrial

Las organizaciones deben tener valores demostrables que vayan más allá de aumentar utilidades o elevar el precio de sus acciones. Esos valores deben ser visibles y claramente entendidos por los empleados y debieran demostrar la fuerza de la organización para influir favorablemente. Y, cuando se viven estos valores, hay cosas que empiezan a suceder. La organización será un mejor lugar para trabajar y será más exitosa. Algo más sucederá, la organización y sus empleados desearán jugar un mayor rol en contribuir con la sociedad.
The Values that Build a Strong Organization
The Organization of the Future

Para aprovechar los beneficios de la 4ª Revolución Industrial, no deberíamos ver a las nuevas tecnologías como "meras herramientas" que están completamente bajo nuestro control en forma consciente, tampoco como fuerzas que no podemos guiar. En su lugar, deberíamos tratar de entender cómo y cuándo los valores humanos son incrustados dentro de las nuevas tecnologías y cómo se les puede dar forma para que se haga buen uso de ellas reconociendo la dignidad humana.
Klaus Schwab
Shaping the Fourth Industrial Revolution

Los principios y preceptos morales contenidos en las Escrituras deben constituir la base de todas nuestras constituciones y leyes civiles. Todas las miserias y males que los hombres sufren debido al vicio, al crimen, a la ambición, a la injusticia, a la opresión, a la esclavitud y a la guerra, proceden del desprecio o descuido de los preceptos obtenidos en la Biblia.
Noah Webster

ACTUÓ POR SUS VALORES

Era 11 de diciembre de 1995 por la noche, un fuego fuera de control surgía en *Malden Mills*, una planta de textiles sintéticos establecida en Lawrence/Melthuen, Massachusetts, ciudad con una población de 110,000 habitantes. En otra parte de la ciudad, a la hora en que ocurría ese siniestro, Aarón Feuerstein, dueño de la planta, celebraba sus 70 años de edad en compañía de su familia. Después del festejo, regresó a su casa y fue ahí donde por teléfono le daban la noticia de lo que sucedía en su fábrica. De inmediato Aarón se dirigió al lugar de los sucesos, sólo para confirmar que el fuego consumía lo que toda una generación de su familia había construido. Algunos de sus empleados le oyeron decir: "Este no es el fin", y agregó con firmeza: "Mañana habrá un *Malden Mills*", y se fue a su casa a dormir.

Ante esa tragedia, Aarón podía hacer lo que tal vez la mayoría de los hombres de negocios hubiera hecho en casos similares: cobrar el seguro, dejar la ciudad y reubicar su negocio en otro lugar donde tuviera ventajas en costos de mano de obra, pagar menos impuestos y obtener otros beneficios de peso. Pero esta opción dejaría a 3,000 personas sin trabajo, además de afectar económica y socialmente a la pequeña ciudad de Lawrence y Methuuen. Así que Aarón, basado en sus principios y valores, siguió pagando normalmente a sus trabajadores, aun cuando no tenían un lugar para trabajar.

Aarón había actuado conforme los valores tradicionales de su familia que le habían inculcado desde pequeño y que se apegaba a lo que dice la Biblia (Talmud). Él afirmó que jamás podría haber tomado otro curso de acción que no fueran los mandamientos establecidos en ese libro:

> No te vengarás, ni guardarás rencor a los hijos de tu pueblo, sino amarás a tu prójimo como a ti mismo. Yo el Eterno" (Levítico 19:18).

En la historia del pueblo judío se observa que los valores emanados de las Escrituras siempre han sido inculcados a los niños desde su infancia, con el propósito de que se conviertan en una forma de vida, conforme Dios lo exhorta en la Biblia, para que se cumplan sus estatutos, en los cuales están contenidos los valores que se deben vivir y cumplir. Así encontramos en ese libro lo siguiente:

> Estos, pues, son los mandamientos, estatutos y decretos que el Señor vuestro Dios mandó que os enseñase, para que los pongáis por obra en la tierra... para que temas al Señor tu Dios, guardando todos sus estatutos y sus mandamientos que yo te mando, tú, tu hijo, y el hijo de tu hijo, todos los días de tu vida, para que tus días sean prolongados (Deuteronomio 6:1-2)

Y como complemento a la razón por la cual los hijos deben conocer y guardar los mandamientos contenidos en la Biblia, se lee:

> Instruye al niño en su camino y, aun cuando fuere viejo, no se apartará de él. (Proverbios 22:6)

La historia y comentarios anteriores vienen a colación ahora, cuando somos testigos de la amplia difusión de literatura sobre los valores humanos en las organizaciones. Es un tema obligado y tratado en casi todas las obras sobre administración, organización, comportamiento humano y gerencia en general, porque en la práctica los valores son ingredientes del tejido organizacional, que comprende el ambiente de trabajo y sus valores que influyen en el comportamiento del personal y con ello, en los logros y resultados.

Los valores son elementos intangibles, sin embargo son plenamente identificables, aun cuando ni siquiera estén escritos, ya que se manifiestan con el comportamiento de las personas. Pero a pesar del profundo efecto que tienen los valores en las personas, su aplicación práctica en el ámbito real de las organizaciones cae más a nivel de difusión de información en reportes anuales, páginas *web* u otros medios, que en mensajes de comunicación que influyan en el comportamiento del personal que integra una organización. Hay que hacer hincapié en que los valores se aprenden y cumplen con ejemplos y vivencias y no con reglamentos o decretos, un mundo de diferencia.

VALORES EN LA CUARTA REVOLUCION INDUSTRIAL

La importancia de los valores se extiende y acentúa en la 4ª Revolución Industrial muy a pesar de la inteligencia artificial y robótica que quizá desplace o elimine numerosos puestos, pero no todos, ya que siempre habrá el ingrediente humano en toda organización, pues la persona debe vivir y trabajar con valores para crear un ambiente favorable de trabajo, tanto para responder a los desafíos de esta revolución, como para emprender y consolidar las transformaciones disruptivas propias de esa era industrial. Son los valores los que, por medio del personal de una empresa, se proyectan hacia los clientes o usuarios de sus servicios y productos y con otras personas con las cuales se tienen vínculos de trabajo.

Pero a pesar del peso de los valores en el comportamiento humano dentro de toda organización y empresa, en la realidad es frecuente que estos se tomen a la ligera e, inclusive, se ignoren o bien se tomen como algo hecho, pero no se plantean, diseñan, difunden y monitorean formalmente. Es común que en las páginas *web,* folletos, carteles dentro de las oficinas y en otros medios, se presente un conjunto de valores como honestidad, confianza, compromiso, integridad, confidencialidad, respeto y otros, que generalmente son elegidos más por imitación que por las necesidades y características propias de la organización, sin dar el significado claro de cada uno de ellos en relación con el ser humano. Por lo regular no se promueven ni divulgan en forma consistente de manera que el personal comprenda su significado y propósito para que los vivan y pongan en práctica en sus labores cotidianas y en su trato con los demás. Así, los valores quedan en los medios como mera información, pero jamás como mensajes de comunicación que lleguen nítidamente a la mente y corazón del personal.

También es común que abunden incongruencias entre las palabras expresadas y las acciones emprendidas: se exhorta a practicar el valor de la honestidad, pero el personal se da cuenta de que en la empresa le dan vueltas al cumplimiento transparente de sus obligaciones fiscales; los gerentes piden lealtad a sus empleados, empero ellos no la tienen con su personal; instan a trabajar con compromiso, cuando no le cumplen al personal lo prometido. Son actuaciones de los gerentes que nos hacen recordar al apóstol

Pablo cuando él condenaba ese comportamiento de pedir lo que no se hace. Él decía:

> Tú, pues, que enseñas a otro, ¿no te enseñas a ti mismo? Tú que predicas que no se ha de hurtar, ¿hurtas?,
> Tú que dices que no se ha de adulterar, ¿adulteras?...
> Romanos 2:21-22

Lo que Pablo dice, que es totalmente cierto en materia de valores para todos los tiempos y espacios, es que, quienes exhortan o piden algo, deben manifestarlo con acciones congruentes con eso que solicitan, más que expresarlo con palabras que se las lleva el viento. Si un hombre de negocios o gerente pide a su personal el cumplimiento de determinados valores, él debe vivirlos, sentirlos y difundirlos con acciones genuinas, con ejemplos vivos y no con escritos muertos; en los gerentes debe haber convicción y no imposición, trato humano y no actuación mecánica; tener interés para lograr interés. Debe recordarse que los valores no se enseñan con retórica sino se aprenden con ejemplos.

Establecer un conjunto de valores —ladrillos de la cultura organizacional—, es fácil, lo difícil es hacer que el personal los manifieste en su forma de pensar y comportamiento para crear una sólida cultura de trabajo que contribuya a la eficiencia y eficacia en la organización, para hacer de ella lo que todo empleado anhela: un lugar agradable para trabajar; anhelo que se acentuará en la 4ª Revolución Industrial que requerirá de más calor humano y de humanizar la tecnología.

FUENTE DE LOS VALORES

Por el enfoque que se emplea en esta obra, acudimos nuevamente a la Biblia que en sí misma es un verdadero tratado de valores morales y éticos, planteados y diseñados por el autor de la vida y de los mismos valores. El punto de partida es identificar la fuente de donde surgen los valores, los que, como se sabe, están estrechamente vinculados con nuestros pensamientos y sentimientos.

En uno de los libros de la Biblia, el Evangelio según San Mateo, se lee que Jesús señaló categóricamente la fuente de donde surgen los valores, cuando dijo:

> Porque del corazón salen los malos pensamientos, los homicidios, los adulterios, las fornicaciones, los hurtos, los falsos testimonios, las blasfemias. Estas cosas son las que contaminan al hombre. (Mateo 15:19-20)

Estas palabras sugieren que, así como los malos valores salen del corazón, también los buenos valores, porque es en la parte interna del hombre donde se anida todo cuanto pensamos, sentimos y somos, pues todo eso emana de las personas y estas los manifiestan en su entorno. Recordemos las sabias palabras del rey Salomón en uno de sus proverbios que confirman lo anterior:

> Porque cual es su pensamiento en su corazón, tal es él. Somos lo que pensamos......(Proverbios 23:7)

En este punto es interesante recordar la historia de un joven que aspiraba a un trabajo en una empresa de alta tecnología. Después de entregar su solicitud y tener una entrevista con un ejecutivo, se dirigió a la salida, pero se detuvo frente a una dama de agradable expresión, a quien el joven preguntó: "¿Cómo es el ambiente de trabajo aquí... y la gente?" Con una sonrisa y en forma muy amable, la dama respondió: "¿Cómo era el ambiente y las personas de la empresa en que trabajabas?"

El joven pensó por un momento y después dijo: "Era un ambiente tenso, no había confianza ni apoyo de unos con otros. En realidad se percibía muy dividido el personal".

La mujer se quedó mirando al joven y contestó: "¡Exactamente! Ese es el mismo ambiente de trabajo y tipo de gente que hay aquí!"

El buscador de empleo pareció recibir una respuesta que no esperaba, se despidió con voz baja y salió de inmediato.

Minutos después, otro joven salía de su entrevista y mostraba alegría porque la empresa lo había aceptado. Al pasar cerca de aquella dama, algo le impulsó a decirle: "He sido aceptado como empleado en esta empresa. El próximo lunes empezaré, pero dígame por favor, ¿cómo es el ambiente de trabajo y los compañeros en esta compañía?".

La dama, con una sonrisa volvió a responder con la pregunta: "¿Cómo era el ambiente y la gente de la empresa en que trabajaba?". "¡Estupendo!", –expresó el joven y continuó– "Era gente en la cual se podía confiar, siempre unida, yo encontraba verdadero apoyo en ella. Realmente me ha dolido salir de esa empresa, pero tenía que venir a radicar en esta ciudad por cuestiones familiares".

La repuesta pareció agradarle a la mujer, quien expresó con entusiasmo: "¡Exactamente! Así es la gente de esta empresa y el ambiente de trabajo, da gusto trabajar aquí".

El joven se despidió con una sonrisa diciendo: "Hasta pronto!". Después de que salió, una joven, que había escuchado ambas conversaciones, le dijo a su compañera de trabajo: "Paty, ¡Como eres! ¿Cómo es posible que hayas dado respuestas diferentes a una misma pregunta que te hicieron esas dos personas?".

"Bueno" –respondió la mujer– "En realidad las respuestas las han dado ellos mismos, porque cada uno lleva en el corazón el germen del ambiente que crea con los demás. De su corazón sale lo que es su entorno de trabajo y su relación con los demás".

Y así es, porque del corazón salen los buenos y malos valores que crean la atmósfera en que vivimos, sea en nuestra familia, en el trabajo o en las relaciones con los demás. El hombre interior hace al hombre exterior, él es el esposo o la esposa que es por dentro; es el padre o la madre que es por dentro; es el amigo o amiga que es por dentro; en fin, es la misma persona en el trabajo que es por dentro.

EL VALOR SUPREMO COMO SUPREMO VALOR

Una pregunta lógica derivada de lo relacionado con los buenos valores, sería ¿cuáles valores son los buenos? Jesús también nos señala los valores fundamentales del hombre, al responder a la pregunta que le hizo un fariseo intérprete de la ley. La pregunta de este escriba era un tema candente del pensamiento judío, y fue formulada de la manera siguiente:

>Maestro, ¿cuál es el gran mandamiento en la ley?
>Jesús le dijo: Amarás al Señor tu Dios con todo tu corazón, y con toda tu alma, y con toda tu mente.

Este es el primero y grande mandamiento. Y el segundo es semejante: Amarás a tu prójimo como a ti mismo. (Mateo 22:36-39)

Desde luego que estos dos mandamientos ya estaban contemplados en el pueblo judío. En dos de sus libros –Deuteronomio y Levítico- del Antiguo Testamento, se lee:

Oye, Israel, no hay más Señor que el Señor nuestro Dios. (Deuteronomio. 6:4)
Amarás a tu prójimo como a ti mismo. (Levítico 19:18)

Lo que hizo Jesús fue conjuntar esos dos mandamientos para acentuar un estrecho vínculo en ellos, como está contenido en el libro de Mateo, en el Nuevo Testamento, que comenta William Barclay, experto en la interpretación de la Biblia, al escribir:

Hasta Jesús, puso los dos mandamientos juntos y los aunó. La religión para Él era amar a Dios y amar a los hombres. Jesús habría dicho que la única manera de probar que se ama a Dios es amando a los hombres.[1]

Los mandamientos anteriores, cuando se cumplen, se convierten en una fuerza motora para sacar los "buenos valores" de la parte interna del hombre, pero además, las acciones para manifestarlos se fortalecen cuando se aplica el gran precepto que Jesús expresó en un evento estelar, como lo fue el Sermón del Monte. Ahí, Él dijo categóricamente:

Así que, todas las cosas que queráis que los hombres hagan con vosotros, así también haced con ellos... (Mateo 7:12)

Es la muy conocida regla de oro, aunque poco puesta en práctica y sobre la cual, el citado William Barclay formula un excelente comentario en su libro Mateo 1, al escribir:

Esa es probablemente la cosa más universalmente famosa que dijo Jesús. Con este mandamiento el Sermón del Monte alcanza su cima. Este dicho de Jesús se ha llamado la piedra clave de todo el discurso. Es la cima más alta de la ética social, y el Everest de toda enseñanza ética.[2]

Para dejar claro el profundo significado de ese mandamiento, es menester hacer referencia a ciertos antecedentes. Antes de Jesús había maestros que exhortaban a "no hacer a otros lo que no les gustaría que les hicieran". Era la regla de oro en su forma negativa, que también se encuentra en el libro de Tobías, un escrito israelita ancestral muy discutido en cuanto a su canonicidad, pero que contiene buenos valores. En este libro se lee:

> Lo que no te gusta no se lo hagas a nadie. (Tobías 4:16)

En otra obra judía, la Carta de Aristeas también se menciona esta regla de oro en su forma negativa: "Como tú quieres que no te sobrevenga ningún mal, sino participar de todas las cosas buenas, así debes actuar sobre el mismo principio con tus súbditos y ofensores ...". Igualmente, la regla en cuestión fue principio de Confucio: "Lo que no quieres que te hagan, no se lo hagas a otros".

La regla de oro planteada en modo negativo también se remonta a los griegos y romanos. Sócrates relata que el rey Nicocles aconsejaba a sus oficiales: "No hagáis a otros lo que os irrita cuando lo experimentáis a manos de otras personas". Los estoicos cuya filosofía era alcanzar la felicidad y la sabiduría prescindiendo de los bienes materiales, tenían como máxima: "Lo que no quieres que se te haga, no se lo hagas a otros".

Sin embargo, fue hasta aquel momento en el Sermón del Monte cuando Jesús expresa con autoridad y contundencia, la regla de oro en forma positiva:

> Así que, todas las cosas que queráis que los hombres hagan con vosotros, así también haced con ellos... (Mateo 7:12)

El paso del modo negativo a positivo de la regla de oro marca una radical diferencia y adquiere nuevo significado. En efecto, el primero —modo negativo— es una máxima que tiene un contenido de sentido común, puesto que no hacer daño a otros es una obligación básica de todos; es una exigencia social, moral e inclusive jurídica, es lo menos que se requiere para tener una sana convivencia. Por el contrario, la regla de oro en forma positiva da por hecho no hacer daño a nadie y acentúa tomar la iniciativa de dar algo que beneficie a los demás, sin que estos lo pidan o se esté obligado a hacerlo: "Si tengo mi automóvil (regla de oro en modo negativo), estoy obligado a no afectar a nadie en lo más mínimo, o sea, no hacer con el automóvil lo que no me gustaría que otros me hicieran", lo cual resulta lógico. Empero, en ningún momento estoy obligado a llevar a nadie en mi automóvil para hacerle un favor, así sea una madre con su hijo caminando cansados a pleno sol. Queda en mí aplicar la regla de oro en sentido positivo, al hacerlo con agrado, con una chispa de "amor al prójimo", sin esperar recibir nada a cambio, lo cual es mucho más difícil lograr. Tal vez por eso Jesús –según San Pablo- dijo:

> Más bienaventurado es dar que recibir. (Hechos 20:35)

Para darle una mayor claridad a la regla de oro positiva, tomemos en cuenta que la palabra griega *didomi*, dar en español, tiene la connotación de donar o conceder a alguien, algo que sea de valor y hacerlo libremente, sin ser forzado.

Con los preceptos comentados anteriormente, ya se tienen sólidos pilares prácticos para sustentar la aplicación y cumplimiento de valores morales y éticos que cumplan su propósito en la forma de pensar y actuar de la gente (en lo personal y en grupo) de una organización:

> Amarás a tu prójimo como a ti mismo.
> Así que, todas las cosas que queráis que los hombres hagan con vosotros, así también haced con ellos...

Estos mandamientos convertidos en un esquema de valores para una empresa u organización quedarían expresados en la forma siguiente:

> Apreciarás, respetarás y apoyarás a tus compañeros, a clientes y otros agentes vinculados con la empresa como te gustaría que todos ellos lo hicieran contigo.

Cada mandamiento o máxima expresada por Jesús se convierte en un fuerte pilar del esquema práctico para plantear, difundir y vivir valores que realmente impacten en la forma de pensar y actuar del personal e influyan favorablemente en las relaciones que se tengan con los demás. Es un esquema de valores, sólido como una roca al fundamentarse en esos mandamientos, como Jesús lo comentó en el mismo Sermón del Monte, cuando dijo:

> Cualquiera, pues, que me oye estas palabras, y las hace, le compararé a un hombre prudente, que edificó su casa sobre la roca.
>
> Descendió lluvia, y vinieron ríos, y soplaron vientos, y golpearon contra aquella casa; y no cayó porque estaba fundada sobre la roca" (Mateo 7:24-25).

No cabe duda, cualquier organización cuyos valores sean edificados sobre la roca conformada por esos mandamientos, tendrá una sólida cultura y un ambiente favorable de trabajo. Pase lo que pase en materia de relaciones humanas, su ambiente de trabajo y comportamiento proactivo de la gente no caerán "porque está fundado sobre la roca". Y tengamos presente, una sólida cultura de organización y ambiente favorable de trabajo es, en esta 4ª Revolución Industrial, un activo intangible o rubro de capital intelectual que es una ventaja competitiva en sí misma, que contribuye a elevar el valor económico de las empresas.

Por último, hay que hacer hincapié en que en la presente era industrial se están produciendo grandes transformaciones en todos los sectores y niveles organizacionales que llegan al ser humano, por lo que es necesario que en materia de valores regresemos a los básicos, a los anteriormente comentados. Fijémonos en la mente que las organizaciones no son de recursos materiales, técnicos o económicos, sino de personas; ellas son quienes producen conocimientos, tecnología y las aplicaciones que se hacen con estos recursos.

Al regresar a los principios básicos o buenos valores para vivirlos en las organizaciones, tomemos en cuenta que esos valores no se exhortan para cumplirse a base de decretos, sino con premisas; no se aceptan con imposición sino con ejemplos y no se viven con sistemas o procedimientos, sino con el corazón de la gente. Esos valores, cuando el personal los llega a vivir como una forma de pensar, de ser y de hacer, hacen que el Sermón del Monte llegue al personal para que actúen con un comportamiento de entrega, compromiso y trabajo. Es el comportamiento que debiera crearse y desarrollarse en la 4ª Revolución Industrial, y todo lo demás, que se requiere para crear valor, riqueza y ventajas competitivas, lleguen por añadidura.

ACCIONES PARA LA INNOVACIÓN

La necesidad de valores en cualquier empresa u organización de la 4ª Revolución Industrial va más allá de solo tener un impacto con la inteligencia artificial, la robótica y otras tecnologías exponenciales. Los valores siempre serán esenciales, empero, no tratados en forma tradicional, sino de manera que el personal los acepte por convicción propia, los viva y aplique en su trato con los demás. Por tanto, es recomendable observar lineamientos como los siguientes:

- Establecer valores genuinos y propios para la empresa y difundirlos mediante mensajes de comunicación y de ejemplos, más que de palabras, para que el personal los comprenda, los viva y los aplique.

- Diseñar y difundir entre el personal una narrativa, sin sentido religioso, sobre la regla de oro y los valores comunes que la gente en general debería conocer, aplicar y vivir.

- Llevar a cabo reuniones y convivencias, involucrando a todo el personal para que participe y comparta vivencias propias sobre los valores establecidos en la empresa, tanto en su participación trabajando en grupo y participando en cambios, así como en sus relaciones con agentes externos.

- Tener como propósito final desarrollar y mantener vigente una cultura de organización y ambiente de trabajo favorable que haga de la empresa "un lugar agradable para trabajar".

Y no hay que olvidar la formulación de preguntas en relación a valores y ambiente de trabajo, como las siguientes:

¿La empresa se percibe como un agradable lugar para trabajar, o simplemente como una fuente de trabajo?

¿Hay congruencia entre los valores que se difunden en la empresa y la forma como se comporta el personal entre sí y hacia los clientes y demás gente externa?

¿Qué pasaría si en la empresa estableciera e hiciera realidad el valor de "apreciarás, respetarás y apoyarás a tus compañeros", a clientes y otros agentes vinculados con la empresa, como te gustaría que todos ellos lo hicieran para ti?

Por el papel prioritario que tiene el capital humano en el actual escenario de transformaciones y cambios, los valores adquieren relevancia para que el personal actúe en forma honesta, comprometida y confiable, tanto en lo interno como con la gente e instituciones externas. No hay que olvidar que la integración del personal mediante buenos valores lleva a la creación de un ambiente atractivo de trabajo que, por su naturaleza, se convierte en valioso activo intangible y en una sólida ventaja competitiva.

CAPÍTULO

10

Singularidad tecnológica o singularidad bíblica

La inteligencia artificial es intrínsecamente muy, muy peligrosa. Este problema no es terriblemente difícil de entender. Usted no necesita ser súper inteligente o estar súper bien informado, y ni siquiera ser súper honrado en el plano intelectual para entender este problema.
Michael Vassay
Presidente, Instituto de Investigación sobre Inteligencia de las Máquinas.

El país que domine la inteligencia artificial dominará el mundo
Vladimir Putin.
Presidente de la Federación Rusa

Estamos mirando a la tecnología como amenazante para nuestra actual forma de pensar e interpretar cómo evoluciona el mundo; necesitamos una nueva forma de pensar que defina significado, nuevos conceptos para definir lo que es la humanidad y lo que es el propósito de nuestras vidas.
Klaus Schwab
World Economic Forum. Davos 2017

Dentro de treinta años tendremos los medios tecnológicos para crear inteligencia sobrehumana. Pero después, la era de los humanos terminará. ¿Es inevitable semejante progreso? Si no se va a evitar, ¿pueden guiarse los sucesos de manera que podamos sobrevivir?
Vernor Vinge
La singularidad tecnológica que se avecina.

No podemos predecir qué puede lograrse cuando esa inteligencia (AGI) se magnifique por las herramientas que la inteligencia artificial puede proporcionar, pero la erradicación de guerra, enfermedades y pobreza será alta en cualquier lista. El éxito en la creación de inteligencia artificial sería el más grande evento en la historia de la humanidad. Desafortunadamente, también podría ser el último.
Stephen Hawking

NACIMIENTO DE LA INTELIGENCIA ARTIFICIAL

Corría el año de 1816 cerca del lago Ginebra, en Cologny (Francia) y en una elegante mansión, la Villa Diodati, se encontraba un grupo de amigos llegado de Inglaterra, en el cual estaban el célebre escritor Lord Byron, el poeta Percy B. Shelley, Mary Shelley y otros. El grupo no podía salir de la mansión debido a la incesante lluvia y al fuerte frío que se sentía como nunca antes, por lo que pasaban el tiempo conversando y leyendo relatos de terror.

En un momento en que parecía decaer el ánimo, Lord Byron propuso a sus amigos llevar a cabo una competencia literaria con un relato de terror. Todos trataron de participar, pero no todos terminaron, solo hubo un trabajo completo que cumplía con el tema, presentado por Mary Shelley, el cual trataba de un científico que creaba un monstruo. Así nacía *Frankenstein*.

De regreso en Gran Bretaña, Mary amplió su cuento original para crear la novela *Frankenstein o el Moderno Prometeo*, publicada en 1818. Por su magistral historia, la novela habría de convertirse en un clásico dentro del género gótico y además sería la primera obra de ciencia ficción.

Analizada la historia del doctor *Frankenstein* y su monstruo, bajo la óptica actual de la inteligencia artificial, la novela puede verse como un relato que claramente contiene dos mensajes: el primero, revela el instinto del hombre por crear vida en forma artificial y el segundo, una advertencia de los riesgos que implica hacer realidad el contenido del primer mensaje. Son mensajes que en el presente han repetido expertos en el tema de inteligencia artificial y que más adelante se mencionan.

Pasó más de un siglo de aquel memorable acontecimiento, cuando a principios de los años cuarenta tenía lugar la Segunda Guerra Mundial y en el centro de criptografía de la Gran Bretaña, dirigido por Allan Turing, matemático británico y padre de la informática, se trabajaba para descifrar los mensajes de las máquinas Enigma de los nazis, particularmente de aquellos que contenían las órdenes codificadas y enviadas a los submarinos alemanes que operaban en el Atlántico. El trabajo de Turing y su equipo fue determinante para acabar con la guerra a favor de los aliados, por eso es considerado un héroe de la Segunda Guerra Mundial.

Tras el conflicto, Turing se planteó el reto de construir una máquina que tuviera las mismas capacidades que el cerebro humano. Él estaba demasiado interesado en replicar artificialmente las funciones del cerebro humano, para lo cual llevó a cabo en 1950 el estudio *Computering Machinering and Intelligencen* (Máquinas de computación e inteligencia). Mediante este trabajo, Turing establecía las bases de la inteligencia artificial, proponiendo lo que sería ampliamente conocido como la prueba Turing, cuyo propósito era determinar si una máquina era inteligente o no. Estos trabajos de Turing y sus aportaciones al campo de la inteligencia artificial hicieron que él fuera considerarlo como padre de esa tecnología, aunque en esa época todavía no se le conocía como inteligencia artificial.

No pasaron muchos años, cuando en 1955, John McCarthy, prestigiado científico de la computación, reconocido con el Premio Turing por sus destacadas aportaciones al campo de la inteligencia artificial, bautizaba con este nombre a la tecnología dirigida a replicar las actividades cerebrales. Este nombre, Inteligencia Artificial (IA), sería plenamente aceptado por la comunidad científica, manteniéndose vigente hasta la fecha.

Inmersos en la IA, McCarthy, junto con Marvin L. Minsky, de la Universidad de Harvard, Nathaniel Rochester de IBM y Claude E. Shannon de los Laboratorios Bell, convocaron en 1955 a un grupo de investigadores y científicos de la computación para reunirse a planear lo que sería un trascendental evento: *Dartmouth Summer Research Project on Artificial Intelligence*, que tendría lugar en el verano de 1956, en Hanover, New Hampshire. El criterio rector del evento sería:

> Que cada aspecto de aprendizaje o cualquier otro atributo de la inteligencia pueda, en principio, ser descrito en forma precisa, para que una máquina lo pueda replicar.[1]

En ese evento de Dartmouth participaron diez investigadores del tema que formalmente marcó el nacimiento de la IA y detonó procesos de investigación y avances, que con altas y bajas logró estimular el interés por esta tecnología. Ante las interesantes perspectivas de la IA, contempladas a raíz de ese evento, hubo recursos que se canalizaron a la investigación y creación de una máquina que realizara actividades inteligentes como un ser humano, sin embargo, durante los años setenta, las investigaciones se detuvieron al quedarse sin fondos y por consiguiente, hubo escaso desarrollo en esta tecnología. Fue el invierno de la IA.

Después, en 1997, la IA cobró un fuerte impulso con la presencia de la computadora *Deep Blue* de IBM, que venció en ajedrez al campeón mundial Garry Kasparov. Este evento tuvo gran resonancia y con ello, la IA avanzaba, más aún cuando grandes compañías como Google, Amazon, Facebook, IBM, Microsoft, en Estados Unidos, empezaron a invertir fuertemente en investigación y desarrollo de esa tecnología. Así llegaría el verano de la IA, a principios del presente siglo, en lo que sería el inicio de la 4ª Revolución Industrial.

LA IA EN LA 4ª REVOLUCIÓN INDUSTRIAL

En esta 4ª Revolución Industrial cambió la idea que se tenía de la IA en el pasado, cuando era considerada como tema propio del ámbito académico y de laboratorios de investigación, de ciencia ficción o de construcción de robots. Estas ideas se han modificado radicalmente ahora, cuando la IA es parte vital de robots, del automóvil autónomo, de drones, de pilotos automáticos en aviones, de *smartphones*, de las industrias 4.0, de los asistentes personales como Siri, Alexa, Google Home, de sistemas para diagnosticar cáncer, computadoras que convierten datos en noticias e historias coherentes, difíciles de diferenciar de las elaboradas por periodistas profesionales o bien, hacer negociaciones en Wall Street, y muchísimas otras innovaciones, como completar el tercer y cuarto movimiento de la Sinfonía No. 8 de Franz Schubert, la célebre "Sinfonía inconclusa", interpretada por primera vez en Cadogan Hall, de Londres, en febrero de 2019, casi 200 años después de que el compositor dejara los dos primeros movimientos, en 1822.

En la actualidad (2020) y hacia el futuro, la IA es una tecnología para casi todos los propósitos, tiene un sinnúmero de aplicaciones para generar innovaciones disruptivas en productos, servicios, procesos, modelo de negocios, así como en ciencia, sociedad, economía, educación, cultura y demás sectores. En realidad, la IA no tiene límites en su aplicación, salvo la fijada por la propia imaginación de los innovadores.

Como rama de la ciencia de la computación, comprende la creación de máquinas inteligentes o programas que piensan, aprenden y reaccionan como un ser humano. Por ello se advierte que la IA, la robótica y otros sistemas inteligentes están sustituyendo no solo actividades repetitivas y predecibles, sino también actividades cognitivas que han sido propias del ser humano, para ejecutarlas en forma similar y aun hacerlo mejor, con un porcentaje menor de errores. En efecto, la IA se desarrolla de manera que las máquinas lleven a cabo procesos de aprendizaje mediante la utilización de *machine learning (ML), deep learning (DL)* y algoritmos para analizar grandes volúmenes de datos, identificar patrones y adquirir experiencia para que, con base en lo aprendido, esas máquinas inteligentes tomen decisiones, solucionen problemas y ejecuten tareas como lo haría la inteligencia humana.

No hay duda, en esta 4ª Revolución Industrial, las investigaciones sobre la IA continuarán y cada vez con mayor intensidad, como se ha observado con los grandes presupuestos que Google, Microsoft, Amazon, Facebook, IBM, Apple y centros de investigación en Estados Unidos, asignan a proyectos específicos sobre esa tecnología. También lo están haciendo países como Inglaterra, Rusia, Alemania y por supuesto China, que recientemente anunció un ambicioso programa para alcanzar el liderato en IA para la década 2020. A este respecto, Kai-Fju Lee, un experto en el tema, quien desempeñará altas posiciones en Microsoft y Apple, para después convertirse en presidente de Google China y posteriormente fundar su propia empresa *Sinovation Venture* escribe en su libro *AI Super-Powers China, Silicon -Valley, and the New World Order*:

> El gobierno central de China ha emprendido un ambicioso plan para construir capacidades en IA. Ha solicitado grandes fondos, ha diseñado políticas de apoyo y coordinación nacional para el desarrollo de la IA. Ha establecido claras metas para el avance acelerado hacia 2020 y 2025, proyectando que en 2030

China pudiera ser el centro de la innovación global en IA y ser líder en su teoría, tecnología y aplicación.[2]

Tal parece que en los países más avanzados en IA trabajan intensamente, por lo que Putin, presidente de la Federación Rusa, afirmó: "Quien domine la inteligencia artificial, dominará el mundo". El tiempo lo dirá y lo dirá en grande.

HACIA LA INTELIGENCIA HUMANA Y LA SINGULARIDAD

No obstante los sorprendentes avances y aplicaciones de la IA, todavía está en un nivel inferior a la inteligencia humana, ya que sus aplicaciones se limitan a actividades específicas: sea jugar ajedrez, identificar rostros, tomar decisiones en actividades operativas y otras más complejas. Debido a que la IA solo puede solucionar problemas o ejecutar actividades específicas, se le ha llamado inteligencia artificial estrecha (*Artificial Narrow Intelligence*, ANI por sus siglas en inglés). Significa que en este nivel, la AI todavía no puede llevar a cabo las principales actividades del cerebro, como son razonamiento abstracto, formulación de conceptos, creatividad, sentido común, identificación de oportunidades, trasferencia de conocimientos y otras que todavía son exclusivas del hombre, empero, las investigaciones continúan y están enfocadas a que se hagan realidad mediante la IA. Como lo escribió Martín Ford, en su muy conocido libro *Rise of The Robots*:

> El camino para construir un genuino sistema inteligente, una máquina que pueda concebir nuevas ideas, demostrar conciencia de su propia existencia y llevar a cabo una conversación coherente, permanece como el *Holy Grail* de la inteligencia artificial.[3]

Es de esperarse que la IA no va a quedar en el nivel de inteligencia artificial estrecha, en virtud de que las investigaciones crecen y con ello, avanza a grandes pasos. Así también, los expertos en el tema afirman que los trabajos están en la dirección correcta para alcanzar el nivel de la inteligencia humana, estando plenamente convencidos de que esta meta es muy probable que se alcance en un futuro no distante, debido tanto a su naturaleza de crecer exponencialmente, como por los espectaculares logros e innovaciones que se han alcanzado a la fecha, cuya inercia impulsa más avances de acuerdo con la ley de retornos acelerados, que sostiene:

> Una tecnología está sujeta a la ley de retorno acelerado: si la tasa a la cual mejora la tecnología es proporcional a su efectividad, la tecnología avanzará más. En otras palabras, mientras mejor sea una tecnología, más rápido mejorará, llegando a tener mejoras exponenciales en el curso del tiempo".[4]

Precisamente porque la IA es una tecnología sujeta a la ley de rendimiento acelerado, se espera que más temprano que tarde se logrará el nivel de inteligencia artificial general, o sea, el nivel de inteligencia humana. A este momento se le ha llamado singularidad que, conforme a la palabra en inglés, significa "evento único de implicaciones singulares".[5]

Por su parte, Ray Kurzweil, autor de la ley de rendimiento acelerado, experto altamente calificado en IA, cofundador de la *Singularity University*, director de tecnología en Google, con una impresionante trayectoria en las tecnologías exponenciales y quien más difunde la singularidad, precisa en su obra *La singularidad está cerca*:

> (Singularidad) es un tiempo venidero cuando el ritmo del cambio tecnológico será tan rápido y su repercusión tan profunda que la vida humana se verá transformada de forma irreversible.[6]

> La singularidad tecnológica o simplemente la singularidad es una hipótesis sobre la invención de una superinteligencia artificial que abruptamente disparará un crecimiento tecnológico desenfrenado, el cual provocará cambios inimaginables en la civilización humana.[7]

La singularidad ha despertado la curiosidad de saber cuándo probable y posiblemente acontecerá, lo que ha hecho que la comunidad de expertos en IA haga pronósticos y especule sobre fechas. Así, en 2006, en *Dartmouth College*, festejando los cincuenta años de aquel memorable evento donde nacía la inteligencia artificial, se estimó entre los participantes que la singularidad llegaría en 2056. Doce años después hubo otro evento similar en ese mismo lugar y la respuesta de los expertos fue que la singularidad tendría lugar entre los años 2038 y 2048.

En el evento anual, *Singularity Summit*, organizado por *Machine Intelligence Research Institute*, en San Francisco, California, en 2012, Stuart Armstrong, uno de los ponentes, realizó una encuesta y obtuvo como respuesta que la singularidad se daría en 2040, como cifra promedio de las predicciones que hicieron los participantes. Por su parte, Kurzweil, en su libro *The Age of Spiritual Machines*, publicado en 1999, estimó que la singularidad sería el año 2029, aunque posteriormente, en su obra *La singularidad está cerca*, escribió que acontecería en el año 2045.

No obstante que hay variación en las fechas, se acepta en lo general que la singularidad es probable y posible que se presente entre 2040 y 2045, es decir, dentro de 20 a 25 años, lo cual no está muy lejano del presente (2020), por lo que la inmensa mayoría de los jóvenes en el mundo, o incluso gente de mucha más edad, podría ser testigo de ese evento, que sería "único, de implicaciones singulares".

A pesar de la importancia que se da a la fecha en que podría darse la singularidad, lo que preocupa no es tanto que la IA llegue a nivel de la inteligencia humana, sino lo que suceda inmediatamente después, cuando una máquina superinteligente empiece a avanzar y mejorar por sí misma sin requerir apoyo del hombre. Esto llevaría a que las máquinas estarían creciendo exponencialmente, de manera que dos años después ya habrían duplicado a la inteligencia humana; al cabo de diez años sería superior en más de treinta veces y en cuarenta años, sería poco más de un millón de veces más avanzada que la inteligencia humana, para continuar creciendo en un proceso que es inimaginable, dejando estancado al hombre en el mismo nivel que tenía al principio de la singularidad.

Ese crecimiento desbocado es la razón por la cual personajes que viven con la IA, prendieron luces rojas de advertencia al contemplar los riesgos posibles a que se enfrentaría la humanidad. Resalta que desde 1965, Irvin John Good, matemático británico de la Universidad de Manchester, presentó su escrito, *Speculations Concerning the First Ultraintelligent Machine*, comentando lo siguiente:

Dado que el diseño de máquinas es una de esas actividades intelectuales, una máquina ultrainteligente podría diseñar máquinas todavía mejores que ella. Entonces se produciría una innegable "explosión de inteligencia" y la inteligencia del hombre quedaría muy atrás. Por eso la primera máquina ultrainteligente es el último invento que el hombre tendrá que hacer.[9]

Por su parte, en 1993, Vernot Vinge expuso en un evento de la NASA que la singularidad sería la señal del fin de una era humana, y detalló cómo la superinteligencia seguiría automejorándose, y seguiría avanzando exponencialmente, en forma incomprensible para nosotros, lo que sería un fenómeno incontrolable.[10]

Elon Musk, fundador de Tesla y otras importantes compañías, ha repetido que "la investigación sobre la IA era convocar al demonio y que era más peligrosa esa tecnología que las bombas nucleares". Y así, personajes relevantes como Bill Gates, Stephen Hawking y otros, también expresaron preocupación e hicieron advertencias, casi similares a los mensajes contenidos en la novela de *Frankenstein*.

Independientemente de esas advertencias, la realidad es que la IA avanza a grandes pasos hacia la singularidad tecnológica, cuyas fechas ya se han estimado, por lo que, al dar como un hecho el cumplimiento de ese evento, la pregunta inmediata sería ¿y después qué?

Ray Kursweild, considerado por Bill Gates como el experto más acertado en la formulación de pronósticos tecnológicos, responde a esa pregunta, afirmando que sería la post-singularidad, una era de intensidad tecnológica, en la cual no habría distinción entre lo humano o biológico con la máquina, o entre la realidad física y la virtual. Kursweild afirma que el hombre se fusionaría con esas computadoras y al final entrarían a su cuerpo y en su cerebro, para hacerlo más sano y más inteligente. Y será de esta manera, no porque el hombre se convierta en máquina según el concepto que actualmente se tiene de estos artefactos, sino sería porque las máquinas de la post-singularidad habrían progresado hasta convertirse en humanos.

Con la explosión de IA, la inteligencia de nuestra civilización acabará siendo no biológica y, hacia el final de este siglo, dicha inteligencia sería billones de veces más potente que la inteligencia humana. Tal vez esto pueda sonar como de ciencia ficción, pero por ahora se tiene un sólido soporte tecnológico para creer esto. Sin embargo, para llegar a esa realidad, primero debe suceder la singularidad tecnológica, empero, antes de aceptarla libremente, habría de considerarse lo que puede ser la singularidad bíblica, como se trata en el siguiente apartado.

SINGULARIDAD BÍBLICA

A pesar de todo lo que se ha difundido en torno a los avances tecnológicos y a la singularidad, antes de aceptar ciegamente el cumplimiento de ese evento, el tema debería examinarse desde otra perspectiva, es decir, desde la óptica de la Biblia que, con argumentos propios también prevé "un evento único, de implicaciones singulares". Para ello, hay que empezar con el momento de la creación del hombre:

> Formó, pues, Dios al hombre del polvo de la tierra, y alentó en su nariz soplo de vida: y fue el hombre un alma viviente. (Génesis 2:7)

En la Biblia, como ya se expuso anteriormente, ese acto de creación se expresó mediante el vocablo *yatsár* (formó), que significa un acto de creación por diseño, no como algo hecho sobre la marcha. Dos observaciones de peso se derivan de ese momento, cuando el hombre es creado, como son las siguientes:

1a. Se refiere a que el hombre fue creado a partir de los elementos químicos contenidos en el planeta, como también los robots, las computadoras y en general todo cuanto existe en el mundo, incluyendo por supuesto, al más sofisticado de los metales como es el grafeno. En consecuencia, entre el hombre y los robots y máquinas inteligentes no hay diferencia alguna en cuanto a sus componentes primarios, pero sí hay una abismal diferencia entre ellos desde otra perspectiva: el hombre tiene conciencia de sí mismo, sentimientos y emociones, derivado del "soplo de vida" que le dio su Creador para que fuera "un alma viviente".

2a. Contempla que la IA, una vez que llegue al nivel de la inteligencia humana y con ello surja la singularidad tecnológica, continuaría avanzando en forma exponencial y sin límite alguno hasta niveles inimaginables. Este avance haría suponer que, de ser así, llegaría el momento en que la IA superaría a la inteligencia de Dios, lo que, desde el punto de vista del contenido de la Biblia, jamás sucedería.

Brigette Hyacinth, quien es experta en IA, en su muy interesante libro, *The Future of Leadership, Rise of Automation, Robotics and Artificial Intelligence*, (*El Futuro del Liderazgo, Surgimiento de la Automatización, la Robótica y la Inteligencia Artifiial*) hace un interesante comentario con respecto a los puntos anteriores. Ella escribió:

> La AI es solo artificial. La verdad es que la IA nunca va a replicar el estado de conciencia (*consciousness*), porque Dios sopló el espíritu de vida en el hombre. No hay necesidad de amenazar a la gente o provocar temor en ella con la IA. Un programa por muy sofisticado que sea nunca podrá replicar lo que Dios hizo. Las máquinas inteligentes no pueden sentir y no tienen alma o corazón. No podemos darles vida o espíritu a un robot o cualquier otra forma de vida artificial. Es algo muerto y, sin el hombre, es solo un conjunto de trozos de metal.[11]

Por otra parte, quienes han investigado y desarrollado la IA, como se comentó anteriormente, han hecho sus predicciones de cuándo acontecería la singularidad tecnológica, sin embargo, también habría que escuchar y analizar algunas profecías contenidas en la Biblia relacionadas con su propia singularidad, algunas de las cuales se han cumplido cabalmente, mientras que otras están pendientes de cumplirse para los tiempos que ya se viven y los que están por suceder en el futuro cercano. El principio está en el versículo sobre la profecía de Daniel:

> Pero tú, Daniel, cierra las palabras y sella el libro hasta el tiempo del fin. Muchos correrán de aquí para allá, y la ciencia se aumentará. (Daniel 12:4)

Esta profecía de Daniel, como se trató en el capítulo 1, contiene el binomio **conocimiento-velocidad**, la fuerza motora en la 4ª Revolución Industrial que se manifiesta por el acelerado desarrollo, avance y aplicación de las tecnologías exponenciales que detonan las innovaciones disruptivas y las transformaciones radicales para la creación de valor, riqueza y prosperidad. La profecía de Daniel hace hincapié que el binomio en cuestión se daría "hasta el tiempo del fin", que corresponde a la 4ª Revolución Industrial, que se inició con el siglo XXI y concluiría con la singularidad bíblica.

La singularidad contemplada en la Biblia se refiere al inminente retorno de Jesús a la Tierra, profetizado desde cientos de años atrás, el cual sería el más importante evento de esta generación que también transformaría "la vida humana en forma irreversible". Las profecías sobre el retorno de Jesús se encuentran claramente a lo largo del Nuevo Testamento, algunas de las cuales son las siguientes:

> Y si me fuere y os preparare lugar, vendré otra vez, y os tomaré a mí mismo, para que donde yo estoy, vosotros también estéis. (Juan. 14:3)
>
> Y estando ellos con los ojos puestos en el cielo, entre tanto que él, Jesús, se iba, he aquí se pusieron junto a ellos dos varones con vestiduras blancas los cuales también les dijeron: "Varones galileos, ¿por qué estáis mirando el cielo? Ese mismo Jesús, que ha sido tomado de vosotros al cielo, así vendrá como le habéis visto ir al cielo". (Hechos 1:10-11).
>
> Pero el día y la hora nadie sabe, ni aun los ángeles de los cielos, sino sólo mi Padre... Por tanto, también vosotros estad preparados, porque el Hijo del Hombre vendrá a la hora que no pensáis. (Mateo 24:36-44)
>
> "Vosotros, pues, también, estad preparados, porque a la hora que no penséis, el Hijo del Hombre vendrá" (Lucas 12:40).
>
> Porque el Señor mismo con voz de mando, con voz de arcángel, y con trompeta de Dios, descenderá del cielo... (1 Tesalonicenses 4:16)
>
> He aquí yo vengo pronto, y mi galardón conmigo, para recompensar a cada uno según sea su obra. (Apocalipsis 22:12)
>
> El que da testimonio de estas cosas dice: Ciertamente vengo en breve. (Apocalipsis 22:20)

En el caso del Apocalipsis hay que precisar que es el libro de la Biblia que presenta la más detallada perspectiva sobre el retorno de Jesús y que es importante escudriñarlo para tener una historia futura del mundo, como lo sugiere, el Dr. John Macarthur, en su obra *Porqué el tiempo sí está cerca*.[12]

La Biblia también proporciona una serie de señales precisas previas al retorno de Jesús, que Él mismo anunció. Son señales claras, algunas de las cuales se han cumplido, mientras otras se han manifestado en los últimos tiempos, marcando el preludio de un evento mayor, mientras otras continuarán presentándose hasta que finalmente se haga realidad el evento estelar del Nuevo Testamento: el regreso de Jesús.

Entre algunas de las señales contenidas en la Biblia que anuncian ese evento único, están las siguientes:

> Y oiréis de guerras y rumores de guerras; mirad que no os turbéis, porque es necesario que todo esto acontezca; pero aún no es el fin (Mateo 24:6)
> Porque se levantará nación contra nación, y reino contra reino, y habrá pestes, y hambres, y terremotos en diferentes lugares. (Mateo 24:7)
> Y todo esto será principio de dolores, (Mateo 24:8)
> Y por haberse multiplicado la maldad, el amor de muchos se enfriará. (Mateo 24:12)

Aunque siempre ha habido guerras en la historia de la humanidad, en el presente continúan las contiendas militares, los conflictos cotidianos no tienen paralelo en toda la historia, además de que en el mundo se tiene una capacidad destructiva más que suficiente para acabar con el planeta. Hay que recordar que en el siglo XX hubo dos guerras mundiales, en donde murieron millones de personas, entre militares y civiles, y a pesar de ello, ha seguido habiendo guerras entre naciones y día a día se vive el peligro de que se desate una tercera guerra mundial. Aunque, conforme a la Biblia, esta no se daría, sino que habría más guerras, para finalmente llegar a la batalla del Armagedón en el valle del Jexreel, en Israel.

Por lo que se refiere a los movimientos sísmicos, aunque siempre los ha habido, en los últimos cien años han aumentado y conforme pasa el tiempo se intensifican y son más devastadores, e inclusive, se presentan en lugares que no eran considerados zonas sísmicas. También de acuerdo con las señales bíblicas, ha habido y habrá pestes y hambres, muy a pesar de que los avances científicos y tecnologías han contribuido en gran escala a reducir males y enfermedades.

Aunado a los acontecimientos anteriores, están los relacionados directamente con el ser humano, como es la violencia que se ha disparado en todos los ámbitos: en las escuelas y lugares públicos se asesina a gente con la mayor facilidad; el terrorismo crece y cada vez alcanza a un mayor número de personas inocentes que mueren como producto de esos actos; los homicidios por asalto, venganzas, odio o cualquier pretexto, crecen en número cada año. Los últimos tiempos hemos sido testigos de que la violencia se ha multiplicado a niveles que causan pavor por el volumen de muertes que a diario ocurren. No hay respeto alguno por la vida humana, ni justificación de esos actos en los cuales solo se perciben saña y odio entre los seres humanos. Y esto se ve con mayor o menor grado en todos los países.

Lo peor es que no hay esperanza de que algo mejorará cuando las tendencias muestran que todos esos hechos van al alza, sin la menor posibilidad de que surjan soluciones efectivas para que en el futuro se viva con seguridad y en paz; lo más probable es que las cosas no mejoren sino que empeoren. Una realidad que depende directamente del ser humano en quien ha proliferado el odio, la perversión, la pornografía, los malos valores para producir mentes envenenadas sesgada al mal. A este respecto, el Apóstol Pablo también acentuó que los postreros días serían tiempos sumamente peligrosos y dio un perfil de la gente que predominaría en el mundo:

> En los postreros días vendrán tiempos peligrosos: que habrá hombres amadores de sí mismos, ávaros, vanagloriosos, soberbios, detractores, desobedientes a los padres, ingratos, sin santidad, sin afecto, desleales, calumniadores, destemplados, crueles, aborrecedores de lo bueno, traidores, arrebatados, hinchados, amadores de los deleites más que de Dios. (2 Timoteo 3:1-5).

Los medios de comunicación masiva confirman día con día todo lo anterior, como para perder la esperanza de un mundo mejor, como alguien dijo, "Ya no es el mundo que dejamos a nuestros hijos, sino los hijos que dejamos a nuestro mundo".

Por último, está la señal de que hacia el fin de los tiempos, el mensaje de Jesús sería predicado en todo el mundo:

Antes del regreso de Cristo, el Evangelio será predicado al mundo entero (Mateo 24:14; Marcos 13:10).

En sus inicios, el mensaje de Jesús se dio en un espacio geográfico reducido, en el que no había los medios de comunicación para hacerlo llegar al mundo. Y así sucedió durante casi dos mil años, hasta que prácticamente en esta 4a. Revolución Industrial se tienen los medios para llegar a los rincones más escondidos del mundo y de las personas más humildes que nada tienen, salvo un *smartphone* e internet. Es así como se podrá difundir el mensaje de Jesús, particularmente cuando Google, Facebook, otras empresas y gobiernos, instalan medios para que internet llegue a a los lugares más escondidos y, con ello, a toda la gente que habita el planeta, para cristalizar la señal de que "el Evangelio sería predicado en el mundo entero"; un mensaje enviado desde casi dos mil años atrás, para cumplirse ahora, en la 4ª Revolución Industrial, es decir, hasta el tiempo del fin, recordando la profecía de Daniel. El tiempo lo dirá y lo dirá pronto.

UN MENSAJE FINAL DEL AUTOR

Algunas de las profecías y señales contenidas en la Biblia, brevemente comentadas, se han cumplido en el pasado, mientras otras están en camino de cumplirse, cada vez con mayor claridad. Estas profecías y señales, según ese libro milenario, anuncian el retorno de Jesús, es decir, el cumplimiento de la singularidad bíblica y no el cumplimiento de la singularidad tecnológica.

Desde luego que esta presentación no es para convencer de que esto es lo verdadero y no lo otro. Queda en cada persona que analice y profundice cada una de las dos singularidades, en cuanto a su razón de ser, sus características y alcance, y a lo que se puede llegar. De esta manera cada quien, por propia convicción, podría tener elementos de juicio para creer en la singularidad tecnológica o en la singularidad bíblica; empero no por lo que más le guste o quiera que suceda, sino por un claro análisis que se haga de las evidencias que identifique y le convenzan. Lo demás, el tiempo lo dirá, más temprano que tarde. Ante estos eventos, queda solo parafrasear a Wiston Churchill: Dios nos de sabiduría para discernir y actuar.

APÉNDICE A

Principales Tecnologías Exponenciales

Las principales tecnologías exponenciales -inteligencia artificial, robótica, aptendizaje de máquinas, aprendizaje profundo, intenet de cosas, impresión en 3D, algoritmos, realidad virtual y aumentada, entre otras- conforman una fuerza motora de la 4ª Revolución Industrial, que ha detonado innovaciones disruptivas, provocando transformaciones radicales en productos, servicios, procesos, modelos de negocios, cadenas de valor, impactando en todos los sectores: educación, salud, negocios, economía, militar, diversión, por citar algunos. Esas tecnologías estarán digitalizando a las empresas y organizaciones, para transformar sus prácticas gerenciales, el desempeño de actividades en general, la relaciones con clientes y en las formas de crear valor, competir, lograr ventajas competitivas

Debido a que estas tecnologías son ingrediente vitales de las innovaciones que se generan en esta 4ª Revolución Industrial, es necesario que, quienes forman parte de las organizaciones y participan e impulsan y generan innovación, deberían tener un conocimiento de las principales tecnologías exponenciales, empero, no para que se hagan expertos en cada una de ellas, sino solamente para conocer su perfil, propósito y potencialidad. Es el conocimiento mínimo que se requiere para hacer innovación de alto valor y desempeñar cualquier posición dentro de las empresas.

Entre las principales tecnologías que deben considerarse para los fines anteriores, están las siguientes:

INTELIGENCIA ARTIFICIAL (AI)

La IA es una rama de las ciencia de la computación dirigida a la creación de máquinas inteligentes o programas que piensen, aprendan y reaccionen como seres humanos. La IA es construida por las tecnologías de *software y hardware* que se sustentan en inteligencia para predecir, comunicar y actuar más rápido y con mayor efectividad que el ser humano. Debido a que la IA es una tecnología exponencial, sus avances serán constantes, por lo que su aplicación se extenderá ampliamente, penetrando en variadas actividades que hasta ahora han sido exclusivas del ser humano.

La IA utiliza tecnologías como Aprendizaje de Máquinas (AM), Aprendizaje Profundo (AP) y algoritmos, para hacer que las máquinas aprendan, a partir de datos y utilizar lo aprendido para tomar decisiones como el ser humano, además de mejorarse a sí mismas, sin intervención humana.

En principio, toda actividad, producto y situación puede innovarse para convertirse en inteligente, como ha sido el caso de máquinas herramienta, ropa con sensores para monitorear signos vitales, juguetes, actividades para detectar fraudes en instituciones financieras, para identificar rostros en cualquier ámbito, entre muchas otras aplicaciones, para identificar a clientes y anticipar sus intenciones de compra Prácticamente la aplicación de la IA es demasiado amplia, que tan solo está limitada por la imaginación de los innovadores.

ROBÓTICA

Los robots son sistemas basados en estructuras mecánicas poli-articuladas, dotados de un determinado grado de "inteligencia" y destinados a sustituir actividades y tareas repetitivas y predecibles realizadas por el hombre. La robótica, en su desarrollo y creación de aparatos, utiliza no solo la inteligencia artificial sino también digitalización, sensores, redes, internet de cosas, entre otras tecnologías.

En la actualidad la robótica ha tenido grandes logros que han producido beneficios sustanciales en diferentes campos, como es sustituir actividades repetitivas y predecibles; en cirugía realizar operaciones; hacer tareas de alto peligro en lugar de que las hagan seres humanos; en la industria en general ha contribuido a crear plantas inteligentes totalmente automatizadas. Por estos y muchos otros avances en la aplicación de la robótica, el mayor temor que tiene la gente es que su puesto sea sustituido por un robot, como ya se ha visto en actividades que requieren pensar, solucionar problemas y decidir.

Las aplicaciones de la IA, que hasta ahora se han tenido y por su avance exponencial, todo hace suponer que en el futuro cercano surgirán aplicaciones muy superiores, que casi alcancen el nivel de la inteligencia humana. Los expertos en el tema, así lo confirman.

APRENDIZAJE DE MÁQUINAS (AM) Y APRENDIZAJE PROFUNDO (AP)

Aunque el aprendizaje de máquinas (AM) y el aprendizaje profundo (AP) se llegan a utilizar como conceptos intercambiables, la realidad es que son tecnologías diferentes.

AM es una tecnología perteneciente al campo de la inteligencia artificial, que propporciona a las computadoras o máquinas, la capacidad de aprender por si mismas, sin ser explícitamente programadas para ello y sin la intervención humana, a diferencia de las computadoras de los años 80, cuando tenían que programarse para que hicieran tareas específicas.

AM utiliza algoritmos para aprender de patrones que identifica de los grandes volúmenes de datos que captura el sistema, de esta menera, la máquina aprende. Como resultado de este proceso, la máquina desarrolla una plataforma para tomar decisiones en torno a problemas específicos. Cuando AM comete un error, un ingeniero tiene que intervenir y hacer los ajustes necesarios.

Por lo que se refiere al Aprendizaje Profundo AP, es una tecnología que se utiliza para resolver problemas sumamente complejos, que por lo general requieren de grandes volúmenes de datos, de los cuales identifica patrones y aprende. AP se aplica para el reconocimiento de voz, identificación de rostros e imágenes y procesamiento natural del lenguaje.

A diferencia de AM que utiliza algoritmos, AP utiliza una estructura sustentada en capas, que forman cada una de ellas, una red neuronal artificial que replica a las redes neuronales humanas, para analizar datos, aprender y decidir. Con esta estructura, se crean máquinas inteligentes que son más capaces que los modelos estándar de aprendizaje de máquinas. Esta tecnología, como todas las demás que se comentan, están mejorando continuamente, aunque en forma diferente. Destaca AP que, cuando comete algún error, la misma tecnología determina lo que tiene que hacer, tanto para mejorar como para evitar que ese error se repita en el futuro.

La aplicación de AP es muy amplia y cada vez será más intensa, Por ejemplo, Facebook ha comentado que con esta tecnología lleva a cabo 4.5 billones de traducciones cortas diariamente. Un trabajo que, de no ser por esa tecnología, requeriría de un enorme equipo de gente y sería demasiado costoso para poder ofrecer esos servicios de traducción a tiempo real.

ALGORITMOS

Un algoritmo es una secuencia de instrucciones que en forma precisa y sin ambigüedades le dicen a la maquina los pasos específicos que debe seguir para llevar a cabo una tarea, así como los resultados o solución que se deben lograr. Los algoritmos utilizan datos que se convierten en otros algoritmos, mismos que se combinan con más algoritmos, de manera que los resultados de un algoritmo se utilizan como insumos de otros.

Los computadores contienen billones de pequeñísimos interruptores llamados transistores, que un algoritmo prende o apaga billones de veces por segundo. De esta manera, la computadora cumple con las instrucciones del algoritmo, en un proceso que se inicia con un insumo de datos (problema) para producir una solución (*output*). Un programa de *software* es un algoritmo que le indica a la computadora lo que tiene que hacer para lograr un resultado específico.

INTERNET DE COSAS

Internet de cosas es la interconexión digital de toda clase de objetos a los cuales se les ha incorporado sensores conectados a internet. De esta manera, las cosas conectadas establecen comunicación entre si, para crear sistemas inteligentes y cumplir un propósito específico, como ha sido el caso de las fábricas inteligentes o bien, personas que utilizando dispositivos con sensores (*wearables*) en su ropa, lentes, pulso, reloj, etc., transmiten a su médico, datos sobre su estado de salud.

Los sensores pueden incorporarse a casi todo lo que se tiene en el hogar, en la oficina o en la fábrica o en cualquier otro lugar, como son turbinas de avión, automóviles autónomos, transportes en general y todo lo que se mueve, para crear una inmensa red, cuyo fin es monitorear esos objetos conectados para dar seguimiento a su comportamiento. Lo importante de este proceso está en los grandes volúmenes de datos que se producen, para ser tratados mediante *big data* y analítica, con el fin de identificar valiosos patrones e información sobre comportamientos de lo que está conectado, con lo cual optimizan recursos, evitan desperdicios de energía y de insumos, desgastes innecesarios, así como para conocer la ubicación de cada objeto.

Como se puede observar, internet de cosas está estrechamente vinculado a la robótica, a la inteligencia artificial, aprendizaje de máquinas, aprendizaje profundo, *big data* y otras tecnologías, para desarrollar sistemas complejos como son los mismos robots, las fábricas inteligentes, sistemas de transportes automatizados, entre otras muchas aplicaciones.

REDES Y SENSORES

Una red es un sistema que comprende la interconexión e intersección de señales e información que tiene un propósito específico, El cerebro humano e internet son dos grandes casos de redes que, aun cuando son sumamente complejas, en su forma más simple son "intersecciones de señales e información". Las redes sociales, los sistemas de trabajo en el que se comunican sus integrantes, son otros ejemplos de redes. De hecho estamos inmersos en redes, que ha proliferado con las nuevas tecnologías digitales y de comunicación.

Los sensores son dispositivos que detectan movimientos, temperatura, vibración, radiación, posición y en general cualquier cambio que se produce en un objeto o sistema. Al incorporar sensores a un producto o proceso y conectarse a internet, se producen datos para ser captados en algún centro y ser motivo de análisis sobre el comportamiento del objeto al cual se le incorporaron los sensores. General Electric, que fabrica y alquila turbinas para las mayores aerolíneas, coloca más de 250 sensores en cada una de ellas, logrando monitorear a tiempo real esas turbinas en pleno vuelo. En caso de que los sensores indiquen algún posible desperfecto, GE puede emprender las previsiones correspondientes, además de obtener información para mejorar e innovar sus turbinas.

Como toda tecnología exponencial, los sensores han incrementado su poderío y reducido sensiblemente su tamaño y costo a nivel de centavos de dólar, por lo que su aplicación se ha extendido en productos, procesos, plantas industriales, vehículos y en cualquier cosa, para contribuir a hacerlos inteligentes, llegando a todos los sectores con fines de seguridad, de monitorear la salud de la gente, el cuidado de niños, seguimiento de procesos industriales y tantas aplicaciones más, de manera que todo aquello que requiera monitoreo a tiempo real, es potencial para incorporarle sensores.

IMPRESORAS 3D (MANUFACTURA ADITIVA)

La impresión en tercera dimensión (3D) se refiere a procesos controlados digitalmente para sintetizar objetos en tres dimensiones. Mientras que las impresoras tradicionales imprimen en dos dimensiones, al pasar una capa de tinta para reproducir un texto e imágenes, la impresión en 3D, como su nombre lo indica, imprime en tres dimensiones, al pegar sucesivas capas de algún material para finalmente producir una copia idéntica del objeto original.

La tecnología de impresión en 3D también es conocida como manufactura aditiva (*additive manufacturing*), para marcar diferencia con los tradicionales procesos de manufactura que consisten en sustraer el producto de materiales o insumos que intervienen en su fabricación (*sustractive manufacturing*).

Con esta tecnología es posible imprimir un amplio rango de productos, con diversos materiales como termoplásticos, metales puros, aleaciones, cerámicas y muchos otros, así como varias formas de comida. A la fecha se ha llegado a imprimir un automóvil completo, así como órganos y tejidos humanos y aun casas habitación, entre otras cosas que difícilmente se hubieran considerado en el pasado. Ahora en día ya se puede "imprimir" productos de los más complejos, bajo el principio de "si usted puede dirigir su apuntador y hacer un *clik* en su *mouse*, podrá diseñar y producir en ·3D".

El futuro de esta tecnología es de alto potencial al combinarse con la ciencia de nuevos materiales, biología sintética, nanotecnología, para transformar radicalmente los tipos de material, procesos de diseño, producción y logística. El campo de acción es tan inmenso como la imaginación misma.

GENOMA Y BIOLOGÍA SINTÉTICA

La biología sintética se sustenta en el concepto de que el ADN es, en esencia, un *software* —un código de letras arregladas en un orden específico— y que gobierna los procesos de producción de proteínas y demás elementos de las células, Y así como sucede con el *software* en el ámbito de la computación, que es reprogramable, también el ADN puede reprogramarse, lo que hace posible que las células se comporten y produzcan lo que se les programe.

La biología sintética es esencialmente ingeniería genética que tiende a ser digital. Este tipo de ingeniería, tradicionalmente se hacia a mano en el laboratorio a costos elevados y con un amplio margen de error, pero ha cambiado con la utilización de computadores y programas apropiados que funcionan en forma similar a los procesadores de palabras. De esta manera, la manipulación del ADN se ha facilitado, reduciendo el margen de error, por lo que se abre un mundo de posibilidades para producir nuevos energéticos, comida, medicina, textiles, materiales de construcción, e insumos en general, a costos más bajos que los recursos utilizados a la fecha.

La utilización conjunta de varias de las tecnologías exponenciales, con la biología sintética, está llevando a generar productos más completos e inteligentes. Por ejemplo, un cepillo para asear la dentadura, además de efectuar una mejor limpieza, podría dejar nanopartículas para continuar aseando la boca y detectar infecciones o enfermedades como el cáncer y diabetes al tonarse en diferentes colores.

La biología sintética, que antes era privativa de grandes centros de investigación o de laboratorios de universidades, con personal de alto nivel, está pasando a ser un abanico de oportunidades de negocios, por los costos accesibles a que ha llegado.

COMPUTACIÓN INFINITA

El término de computación infinita se refiere al proceso de continuos avances de la computación, desde ser demasiada cara como sucedió con los *mainframes* de los años 60 y 70, hasta ser común y accesible, como ha sido la computación móvil, que por el nivel de precios ha democratizado su utilización, teniendo mucho mayor capacidad de procesamiento y almacenamiento, que los computadores anteriores

Diferentes expertos afirman que de acuerdo a las tendencias, como corresponde a las tecnologías exponenciales que se han manifestado desde los inicios de la computación, la tendencia continuará en el futuro, por lo que los computadores estarán incrementando su poderío, y funcionalidad y, por otra parte, sus costos seguirán bajando, razón por la cual, cada año se estará produciendo más fuerza computacional que la suma de todos los años anteriores, además de seguir una tendencia a la baja en sus costos.

Y lo más interesante, se ha llegado al nuevo paradigma de la computación cuántica, mucho muy diferente al modelo de la computación clásica que ha dado lugar a grandes expectativas, al hacer que ciertos problemas difíciles e intratables pasen a ser tratables. Aunque se está en el amanecer de la computación cuántica, ya puede contemplarse la gran diferencia con la computación hasta ahora tradicional, comparación que alguien la ilustró en forma objetiva: La computación clásica puede almacenar todos los libros de la Biblioteca del Congreso de los Estados Unidos y leer uno por uno; mientras que la cuántica puede almacenar varias veces esa cantidad de libros y leerlos al mismo tiempo.

COMPUTACIÓN EN LA NUBE

La computación en la nube es una plataforma de servicios de computación en línea, proporcionados sobre demanda por un proveedor remoto. Bajo esta plataforma, los usuarios acceden via internet, a los servicios de computación y pagan solo por los servicios utilizados.

Esta tecnología tiene una serie de ventajas para sus usuarios porque ya no tendrían que hacer inversiones en *hardware*, personal y otras, con los consiguientes gastos de operación y mantenimiento. Ademas, los servicios son escalables y se mantienen actualizados tecnológicamente, proporcionándose de forma flexible y adaptativa, para responder a las necesidades y requerimientos de los usuarios, conforme crecen, se transforman o se hacen más complejos.

BIG DATA

Los datos se han convertido en un recurso de la cuarta revolución industrial, los cuales se producen cada vez en mayores volúmenes, empero, lo que importa no son solo las cantidades de datos, sino lo que se haga con ellos. Es así como surge *big data* que, mediante su propias herramientas y tecnologías captura, gestiona, almacena, procesa y analiza grandes conjuntos de datos, para encontrar patrones e ideas que sustenten decisiones más certeras y movimientos estratégicos más efectivos.

Big data comprende tanto los conjuntos de datos estructurados como los no estructurados; los primeros son los que tradicionalmente han almacenado las empresas, mismos que se encuentran en sus registros contables y administrativos, mientras los segundos, que llegan a representar hasta el 80 por ciento del universo de datos, comprenden los provenientes de medios no tradicionales, como son videos, audio, fotografías, correos electrónicos, mensajes instantáneos, así como los generados por la Internet, las redes sociales e internet de cosas, entre otros. Los conjuntos de datos, tratados por *big data*, cumplen las 4 V: Volumen (cantidad de datos), Variedad (provienen de diversas fuentes), Velocidad (rapidez con que se producen y capturan), Veracidad.

Es evidente el papel que están jugando los datos en la 4ª Revolución Industrial, por la importancia que tienen en la dirección estratégica y operativa de las empresas y organizaciones y en todos los sectores económicos. Es la razón por lo que los datos han sido considerados como el nuevo petróleo de la presente era industrial y de ahí, la importancia de *big data*.

REALIDAD VIRTUAL (RV)

La RV es un sistema informático que produce representaciones de la realidad objetiva o existente; es una forma de realidad perceptiva que no tiene soporte físico, sino que se da en el interior de los ordenadores en forma virtual. En este entorno virtual, el usuatio, utilizando dispositivos como gafas, guantes, casco o trajes especiales, tiene la sensación de estar inmerso completamente en un mundo que le parece como una realidad existente, con el cual puede interactuar con los sentidos de la vista y oído. Es posible que en el futuro se viva esa RV con los cinco sentidos, ya que por ahora todavía hay dificultades y altos costos.

Las aplicaciones de la RV son numerosas y diversas. Todo lo que requiera ser simulado para fines de estudio, trabajo, investigación o diversión, puede ser representado virtualmente, como cirugías, viajes a cualquier lugar, museos, hechos históricos, juegos, procesos industriales, entre muchos otros eventos. Una tendencia de esta tecnología es que no se detiene y que cada vez tendrá nuevas y más complejas aplicaciones.

REALIDAD AUMENTADA (RA)

La RA es un conjunto de tecnologías que combinan imágenes reales con virtuales en forma interactiva y en tiempo real, de manera que el usuario puede agregar información virtual a elementos que tiene del mundo real. En otras palabras, la RA permite superponer elementos virtuales sobre la visión de la realidad existente. Por ejemplo, a una casa vacía real, se le agregan muebles virtuales para tener una idea de cómo se vería la decoración en la realidad existente, o bien, si a la imagen real de un cliente se le agregan diversos estilos de ropa virtual, él tendría la experiencia de probarse cada prenda, para ver cómo le quedaría en la realidad existente

Es evidente que la aplicación tanto de la RV como de la RA, son demasiado en diversos sectores, como salud, educación, arquitectura, industria automotriz, *marketing*, servicios, juegos, comercio, entre muchas otras. Ya lo expresó Tim Cook, director ejecutivo de Apple: "La RA abarca más que la RV, porque da la posibilidad de estar presentes y de comunicarnos y, simultáneamente, de disfrutar de otras cosas a nivel visual. Será la próxima revolución, como en su momento lo fue el *smartphone*".

CIENCIA DE NUEVOS MATERIALES

Los nuevos materiales que se han creado, han sido el resultado de nuevas tecnologías derivadas de los avances continuos de la química y la física aplicada, de la ingeniería y de la ciencia de los materiales. Los nuevos materiales son diseñados para cumplir con necesidades específicas. Es así como ha nacido el grafeno, llamado el material del siglo XXI, por ser más revolucionario que el silicio y el oro en su momento, y que es tan fino como un pelo, flexible como el plástico y duro como el diamante. Las aplicaciones del grafeno son ilimitadas por sus sólidas ventajas que tiene, sobre los materiales tradicionales.

En la creación de nuevos materiales, la nanotecnología ha asumido importante papel porque con esta tecnología es posible penetrar al mundo de las moléculas y de los átomos para modificar estos elementos y crear nuevos materiales de acuerdo a requerimientos específicos que se tengan para cumplir con un proyecto mayor de la industria, medicina, construcción u otros campos.

Las tecnologías comentadas anteriormente, convergen una con otras, para crear nuevos conceptos tecnológicos aplicables a productos, procesos, modelos de negocios y en todos los sectores, como salud, seguridad, educación, economía, manufactura, comercio y economía en general. No hay que olvidar que un gran volumen de productos, servicios, procesos, modelos de negocios y puestos de trabajo, todavía no se han inventado, por lo que el futuro ofrece un mar de posibilidades para quienes han desarrollado las competencias y habilidades propias para innovar, solucionar problemas y ver más allá de lo que ve el común de los mortales para identificar y aprovechar oportunidades de negocios, antes que lo hagan los demás.

APÉNDICE

B

Plataforma Integral de Capacidades para la Innovación

Plataforma Integral de Capacidades para la Innovación

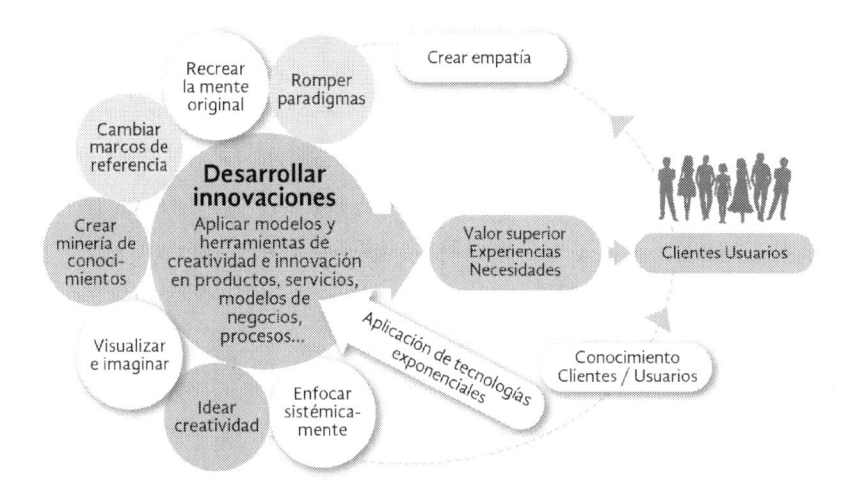

El Instituto Mexicano de Innovación y Estrategia, A. C., junto con el Centro de Innovación en Negocios, ESCA Tepepan, I.P.N., llevaron a cabo investigaciones en el campo de la creatividad y de la innovación, tanto a niveles de desarrollos teóricos como de participaciones en proyectos de innovación.

Originalmente se investigaron y estudiaron los conceptos y herramientas tradicionales de la creatividad, algunas de las cuales están contenidas en una publicación del mismo autor de esta obra, *Cómo desarrollar la creatividad gerencial*. También se ha dado seguimiento a investigaciones y obras de personalidades como son el psicólogo Mihaly Csikszentmihalyi, de la Universidad de Chicago, R. Keith Sawyer de la Universidad de Washington y Teresa M. Amabile de la Universidad de Stanford.

Por otra parte, se estudió profundamente la forma de pensar de personajes considerados grandes innovadores, entre quienes están Leonardo da Vinci, Albert Einstein, Steve Jobs y otros. El propósito era identificar capacidades, atributos y habilidades comunes que son vitales para producir ideas y desarrollar innovaciones, además de que pudieran ser replicados por el común de los mortales.

Como resultado de esas investigaciones y prácticas reales, el Instituto Mexicano de Innovación y Estrategia, A.C. desarrolló su modelo *Hi-Thinking* que comprende la Plataforma Integral de Capacidades Fundamentales para la Innovación, (PICAFIN), que es la base para producir innovaciones, crear una cultura organizacional y cultivar una forma particular de pensar para la innovación. Haciendo una analogía con la música, si se quiere ser un virtuoso en un instrumento musical, lo mínimo que debe hacerse es practicar, practicar y practicar; no se puede leer un libro o atender una conferencia sobre música y dar un concierto al día siguiente. Es el caso de la creatividad y la innovación, hay que poner en práctica las distintas capacidades conforme la plataforma (PICAFIN), y hacerlo constante y consistentemente si se quiere llegar a ser un virtuoso de la innovación. NO HAY OTRO CAMINO.

Las capacidades y habilidades para la innovación, contenidas en esa plataforma, son las que se comentan a continuación:

1. RECREAR LA MENTE ORIGINAL

El innovador tiene que volverse como niño y hacerse "observador, preguntón y curioso" para absorber información y desarrollar conocimientos, como corresponde al proceso natural durante la niñez. Desafortunadamente en las escuelas, en el trabajo y en la vida misma nos enseñan y habitúan a dar respuestas y soluciones directas ante lo que se presenta y se percibe. Como alguien dijo: se busca más velocidad que precisión.

Ser observador, curioso y preguntón es llegar al fondo de las cosas, a mirarlas con una mayor extensión y desde diferentes ángulos, es crear empatía con clientes y usuarios para conocerlos más allá de sus necesidades y entenderlos como seres humanos; es desarrollar *"insights"*, que nos lleve a conocer el fondo de un problema o situación para después producir buenas ideas.

Para ser un innovador de gran alcance hay que desarrollar y cultivar la capacidad de observar y ser curioso, porque ante cualquier problema o situación que requiera de un cambio o para generar una innovación hay que empezar por formular preguntas a granel: ¿Qué es? ¿Por qué? ¿Qué pasaría si...? ¿Y por qué no?,

¿Qué podría ser?, etcétera, etcétera y muchos más etcéteras. Mediante esta capacidad se abre la mente y se impulsa a las demás capacidades para entender un problema, situación o evento, no por lo que se percibe sino por lo que en realidad es, lo que podría llegar a ser y lo que debería hacerse para dar soluciones creativas o generar innovaciones que produzcan valor. Como decía, Peter F. Drucker, el gurú del *managment*: Más que buscar una buena respuesta, primero hay que tener una buena pregunta.

2. ROMPER PARADIGMAS

El innovador jamás permanece en una zona de confort, o espera hasta que "algo se descomponga" para empezar a buscar soluciones. Los grandes innovadores rompen paradigmas, ortodoxias y convencionalismos en general que se han dado como buenos durante tiempo. El innovador, por definición misma, es alguien que quebranta el orden establecido como una oportunidad para producir innovaciones. La cuestión es responder anticipadamente, antes que reaccionar, y hacerlo sobre la dinámica de cambios que día a día se presentan, con la idea expresa de anticipar problemas potenciales u oportunidades que puedan surgir y deban aprovecharse.

3. IMAGINAR Y VISUALIZAR

La habilidad para utilizar la imaginación y jugar en ella y con ella es una herramienta para visualizar problemas, soluciones, innovaciones sin limitación alguna, salvo la que imponga la misma imaginación. No considerarla para actos de creatividad e innovación es no tomar en cuenta la tremenda capacidad de nuestra mente, que en cierta forma es un servomecanismo buscador de soluciones. Es característico de los estrategas efectivos de negocios utilizar la imaginación en el diseño de estrategias, identificación y aprovechamiento de oportunidades y dar solución a grandes problemas.

Ha sido claro que los grandes inventores e innovadores ven con los ojos de su imaginación su obra terminada o resultados esperados, y en esa realidad virtual buscan soluciones u otros cursos de acción. Albert Einstein, para desarrollar su teoría de la relatividad, se imaginaba montado en un rayo, viajando a la velocidad de la luz. La imaginación era una de sus herramientas de trabajo, a la cual le daba un fuerte peso, por lo que en alguna ocasión afirmó: "La imaginación es más importante que los conocimientos". Y vaya que Einstein tenía una amplia minería de conocimientos.

4. CREAR MINERÍA DE CONOCIMIENTOS

La materia prima de la mente para tomar decisiones, producir ideas y generar innovaciones está en la información y los conocimientos, empero, para que sea de calidad, es vital y necesaria la diversificación de esos recursos. El innovador debe acudir a diferentes fuentes de información, tanto en espacio como en tiempo. En espacio, por lo que se refiere a obtenerla de distintos campos del conocimiento, no para que se haga un especialista o un experto en cada uno de ellos, sino para que tenga conceptos e ideas que pueda asociar con otros campos o como fuentes de ideas e inspiración para generar innovaciones de alto valor. Y en tiempo, para traer del pasado innovaciones, soluciones o situaciones que puedan inspirar el desarrollo de nuevas soluciones e innovaciones para el futuro.

El innovador, en consecuencia, debe crear, cultivar y mantener vigente y actualizada su minería de conocimientos mediante la diversificación de experiencias, información y desarrollo de conocimientos.

5. REDEFINIR MARCOS DE REFERENCIAS

En cualquier empresa u organización siempre existen ciertos marcos de referencia que guían las decisiones que se toman y las acciones que se emprenden. El hospital de oncología Oasis, ubicado en La Jolla, California, al considerar que el hombre es materia, emociones y espíritu, cambió el marco de referencia tradicional de "atacar la enfermedad" por "tratar al paciente" en su condición humana, lo cual generó innovaciones en las formas y procesos para atender a los enfermos y lograr beneficios para recuperar su salud.

No hay duda de que en el ámbito de las organizaciones y negocios existen variados marcos de referencia que se han avejentado y requieren de una actualización, como los siguientes:

"Maximizar oportunidades" en lugar de "maximizar utilidades".
"Que el cliente adquiera" en lugar de "venderle al cliente".
"Hacer crecer al capital humano" en lugar de "capacitar al personal".
"Aumentar el valor de la empresa",en lugar de "obtener utilidades".
"Enfocarse al cliente" en lugar de "enfocarse al producto".

El innovador debe anticipar, identificar y definir problemas, fijar objetivos, analizar situaciones y eventos de negocios, y hacerlo en relación con marcos de referencia diferentes, que rompan con esquemas obsoletos que sólo propician hacer más de lo mismo. Desde luego que para ese propósito se requiere de las demás capacidades orientadas hacia el cliente, considerando darle más valor mediante productos, procesos, modelos de negocios y desde cualquier otra área del negocio. En el desarrollo de esta capacidad, los innovadores deben tomar en cuenta que las innovaciones que desarrollen siempre estarán condicionadas al marco de referencia bajo el cual ellos piensan y generan ideas.

6. PRODUCIR IDEAS

Bajo este rubro se producen ideas estimulando la capacidad creativa, para buscar cantidad más que calidad de ideas. Para ello, el innovador, además de utilizar su capacidad creativa, también utiliza herramientas que le ayudan a provocar deliberadamente la discontinuidad en la forma tradicional de pensar, además de estimular su creatividad. Entre las herramientas más comunes y tradicionales está el pensamiento lateral desarrollado por el gurú de la creatividad seria, Edward De Bono, tormenta de ideas, análisis morfológico, acciones deliberadas, sinéctica y otras técnicas para el desarrollo de innovaciones.

Pero además de esas herramientas, hay que tener presente esa habilidad para "conectar lo inconectable", como sostenía Steve Jobs, que es un atributo inmanente y distintivo de los grandes innovadores. Es la habilidad de plantear y definir la esencia de un problema y conectarlo con un fenómeno paralelo que se identifique en ambientes totalmente distintos y, desde ahí, generar ideas y soluciones novedosas.

Al considerar la capacidad de producir ideas, no debemos olvidar las más recientes investigaciones que observan la creatividad en su contexto social. Esto se explica porque las empresas y organizaciones en general son grupos de personas que pueden y deben crear y producir innovaciones, un proceso que tiene marcada similitud con los niños que generan ideas jugando. Bruce Nussabaum, profesor de innovación y diseño de la prestigiada Escuela de Diseño Parsons lo afirma en su extraordinaria obra, *Creative Intelligence, Harnessing the Power to Create, Connect, and Inspire* (Inteligencia Creativa, aprovechando la fuerza para crear, conectar e inspirar), cuando escribe lo siguiente:

> Al adoptar una mentalidad de jugar, también se dispone a los participantes a tomar riesgos, explorar posibilidades y aprender a navegar en la incertidumbre, sin paralizarse por el estigma del fracaso.

Además, nuevas investigaciones han mostrado que jugar puede ser una alternativa superior para enfocar la solución de problemas en la innovación. Es una manera de trabajar en equipo y desarrollar innovaciones, aparentemente jugando, pero con un propósito específico.

7. CREAR VALOR

Bajo esta capacidad o habilidad se procede a tratar las mejores ideas para convertirlas en innovaciones con valor para el cliente o usuario, es decir, que les solucione problemas, satisfaga necesidades, cumpla con el trabajo que tienen por hacer, que les proporcione experiencias, emociones e inclusive, respondan a sus sueños. En esta fase se cuenta con herramientas y protocolos que ayudan y facilitan el desarrollo de innovaciones centradas en el cliente.

También hay que tener presente la utilización y aplicación de las tecnologías exponenciales -inteligencia artificial, robótica, impresión en 3D, internet de cosas, realidad virtual y ampliada, por citar algunas- que por su naturaleza son determinantes para producir innovaciones en modelos de negocios, en la transformación radical de procesos orientados al cliente y en la creación de nuevos productos y servicios. Un alcance y resultado que desde luego no dependen de las herramientas y tecnologías utilizadas, sino de la creatividad y forma de pensar diferente, de quienes las utilizan y aplican.

Por último, al comentar las diferentes capacidades y habilidades que conforman el modelo *Hi-Thinking* con su plataforma integral de innovación (PICAFINN), debe destacarse que esta no presenta la aplicación de capacidades como un proceso lineal, para que se cumpla en una secuencia preestablecida, sino que son capacidades que se desarrollan y aplican en cualquier orden, siempre cuidando crear innovaciones centradas en el cliente o usuario de productos o servicios para proporcionarle valor superior y hacerle la vida mejor.

Hay capacidades como minería de conocimientos que deben mantenerse actualizadas y enriquecerse continuamente con información diversificada. Lo mismo sucede con la habilidad para observar, preguntar y cuestionar, que también debe manejarse como una forma de pensar y aplicarse ante los problemas que se enfrentan, a los eventos de cambio y a situaciones en general que surgen en las empresas y organizaciones y en el entorno en que vivimos. De esta manera cada una de esas capacidades que, como instrumentos musicales, darán la más brillante expresión a quien mejor las sepa aplicar. Cuestión de imaginación y de ejecución.

REFERENCIAS BIBLIOGRÁFICAS

Capítulo 1 Profecía de la 4ª Revolución Industrial

1. Klaus Schwab, *The Fourth Industrial Revolution*, p.1, Crown Business, New York, 2017.

2. Thomas A. Stewart, *Brain Power, How Intellectual Capital is Becoming America's Most Valuable Asset*, p. 42, Fortune, June 3, 1991.

3. Thomas A Stewart, *The Wealth of Knowledge, Intellectual Capital and the Twenty-First Century Organization*, p. xiii, Bantam Doubleday Dell Publishing Group. Inc., New York, 2001.

4. http://maestriatiunid.wordpress.com/2012/02/24/definicion-del-concepto-de-la-nueva-economia/

5. Kevin Kelly, *New Rules for the New Economy*, p. 1-2, Penguin Putnam Inc., New York, 1998.

6. Mary Adams & Michael Oleksak, *Intangible Capital*, p.1, ABC-CLIO, LLC., Santa Barbara, California, 2010.

7. Nicholas J. Webb, *The Innovation Playbook, A Revolution in Business Excellence*, John Willey & Sons, Inc., Hoboken, New Jersey, 2011.

8. Klaus Schwab, *La Cuarta Revolución Industrial*, p. 23, Penguin Random House Grupo Editorial, S. A. de C. V., México, 2017.

9. Richard Dobbs, James Manyka, and Jonathan Woetzel, *No Ordinay Disruption, The Four Global Forces Breaking All the Trend.*, p. 72, Public Affairs, New York, 2015.

10. Peter H Diamandis, Stevem Kotler, *Bold, How to Go Big, Create Wealth, and Impact the World*, p.9, Simon & Schuster, New York, 2015.
11. http://www.businessweek.com/1996/53/b35081.htm (leer informe/inglés)]

Capítulo 2. El primer innovador y el primer tipo de innovación

1. Fabián Martínez Villegas, *Administración Estratégica Inteligente*, p. 276, Instituto Mexicano de Innovación y Estrategia, A.C., Publicaciones Administrativas y Jurídicas, S.A. de C.V., México, 2017.

2. John H. Sailhamer, Génesis, *The expositor's Bible Commentary*, vol 2, p. 19'20, Grand Rapids, Zondervan Publishing House 1990.
3. Evis L. Carballosa, Génesi., *La revelación del plan eterno de Dios*, p. 26, Editorial Portavoz, Grand Rapids, MI. 2017.
4. Khan Academy, *Las leyes de la termodinámica*, https://. khanacademy.org.science/biology/energy.../the-laws-of-thermodynamics
5. William Barclay, *Comentarios al Nuevo Testamento, Mateo*, Volumen 1, Editorial Clie, Barcelona 1995.
6. Henry M. Morris, *Scientific Creationism*, p. 28 Master Books, Inc., Institute for Creation Research, Green Forest, AR., 2000.

Capítulo 3 El hombre innovador

1. Edmund Phelps, Mass Flourishing, *How Grassroots Innovation Created Jobs, Challlenge, and Change*, p. vii, Princeton University Press, New Jersey, 2013.
2. Alejandro Ruelas-Gossi, director del campus de Miami Adolfo Ibáñez School of Management, publicado en la revista *Harvard Business Review*, bajo el título "*El síndrome maquiladora en México*".
3. Evis L. Carballosa, Génesis. *La revelación del plan eterno de Dios*, p. 53, Editorial Portavoz, Kregel, Inc. Grand Rapids, Mi. ,2017.

Capítulo 4 Lo que podemos aprender de Israel

1. Dan Senor y Saul Singer, *Start-Up Nation. La historia del Milagro Económico de Israel*, p.XVI. Toy Story, S.L, Alcobendas, Madrid. 2012.
2. Dan Senor y Saul Singer, *op. cit.*, p. 16.
3. Dan Senor y Saul Singer, *op. cit.*, p. 3.
4. Steven Silbiger, *The Jewish Phenomenon*, p. 2, Longstreet Press, Atlanta, Georgia, 2000.
5. Jeff Dyer, Hal Gregersen, Clayton M. Christensen, *The Innovator's DNA, Mastering The Five Skills of Disruptive Innovators*, Harvard Business Review Press, Boston, Mass., 2011.
6. Dan Senor y Saul Singer, *op. cit.*, p. 104.
7. Dan Senor y Saul Singer, *op. cit.*, p. 104.

8. Bruce Nussbaun, *Creative Intelligence, Harnessing the Power to Create, Connect, and Inspire*, p. 45, HarperCollins Publishers, New York, 2013.

9. (David McWilliams *We're All Israelis Now*, 25 de abril de 2004. http://www.davidmcwilliams.ie/20044/04/25/were-all-israelis-now.

10. Dan Senor y Saul Singer, *op. cit.*, p. 69.

11. Steven Silbiger, *op. cit.*, p.15.

12. Dan Senor y Saul Singer, p. xvi.

Capítulo 5 Design Thinking & System Thinking

1. Antonio Cruz, *A Dios por el ADN*, p. 14, Editorial Clie, Barcelona, España, 2017.

2. Antonio Cruz, *op. cit.*, p. 15.

3. Kepler J. Astronomia Nova, 1609, citado en J. Simón, *A Dios por la Ciencia*, p. 9, Lumen, Barcelona. 1947.

4. Turnbull H. W., *The Correspondence of Isaac Newton*, Vol 3, p. 233, Cambridge University, Press, Cambridge 1961.

5. Antonio Cruz, *op. cit.*, p. 8.

6. Augusto Cury, *El hombre más inteligente de la historia*, p. 63, Editorial Océano de México, S.A. de C.V., México, 2018.

7. Citado por Debyse O'Learly, *¿Por diseño o por azar? El origen de la vida en el universo*, p. 63, Editorial Clie, Barcelona, España, 2011.

8. Charles B. Thaxton *The Mystery of Life's Origin: Reassessing Current Theories*, Allied Books Ltd. 1984.

9. Denyse o Leary, *¿Por diseño o por azar? El origen de la vida en el universo*, p, 18, Editorial Clie, Barcelona, España, 2011.

10. Idris Mootee, *Design Thinking for Strategic Innovation, What They Can't Teach You at Business or Design School*, p.29, John Wiley & Sons, Inc., Hoboken, New Jersey, 2013.

11. Evis L Carballosa, Génesis. *La revelación del plan de Dios*, p. 62, Editorial Portavoz, Michigan, 2017.

Referencias Bibliográficas

12. Citado en *Design Thinking, Integrating Innovation, Customer Experience and Brand Value*, Editado por Thomas Lockwood, Allworth Press, New York, 2010.

13. Fabián Martínez Villegas, *Administración Estratégica Inteligente*, p. 87, Instituto Mexicano de Innovación y Estrategia, A. C. Publicaciones Administrativas y Jurídicas, S.A. de C.V., México, 2017.

14. Enrique G. Herrsher, *Pensamiento Sistémico*, p. 40, Ediciones Granica, S.A, México, 2010.

15. Enrique G. Herrsher, *op. cit.*, p. 40.

Capítulo 6 Pensamiento estratégico para la 4ª Revolución Industrial

1. Klaus Schwab, *La Cuarta Revolución Industrial*, p. 11, DEBATE, Penguin Random House Grupo Editorial, S. A. de C.V., México, 2017.

2. Mark Skilton y Felix Hovsepian, *The 4th Industrial Revolution, Responding to the impact of artificial intelligence on business*, p. 24, The Palgrave, Macmilliam, Meriden, UK, 2018.

3. Andrés Oppenheimer, *¡Sálvese quien pueda!, El futuro del trabajo en la era de la automatización*, p. 21, DEBATE, Penguin Random House Grupo Editorial, México, 2018.

4. Andrés Oppenheijmer, *op. cit.*, p.318.

5. Idris Mootee, *Design Thinking for Strategic Innovation*, John Wiley Sons, Inc., Hoboken, New Jersey, 2013.

6. Morten T. Hansen Herminia Ibarra y Urs Peyer, *Los CEO con mejor desempeño en el mundo*, Harvard Business Review, enero-febrero 2010.

7. *Thinking Strategically*, Pocket Mentor, Harvard Business Press, Mass. 2010.

8. Julia Sloan, *Learning to Think Strategically*, p. 201, Butterworth-Heinemann, Burlington, Mass. 2006.

9. Augusto Cury, *El hombre más inteligente de la Historia*, p. 11, Editorial Océano de México, S. A. de C. V., Ciudad de México, 2016.

10. Augusto Cury, *op. cit.*, p. 81.

11. Algunos libros que analizan a Jesucristo en relación con el liderazgo, integración de equipos, desempeño directivo y otros temas afines son los siguientes:
David Varon, Moses Management, *50 Leadership Lessons from the Greatest Manager of ALl Time*, Pocket Books, New York, 1999.
Charles C. Manz, *The Leadership Wisdom of Jesus, Practical Lessons for Today*, Berrett-Koehler Publishers, Inc. San Francisco, Cal., 1998.
John MacArthur, *Doce hombres comunes y corrientes. Cómo el maestro formó a sus discípulos para la grandeza y lo que Él quiere hacer contigo*, Editorial Caribe, Inc. Nashville, TN, 2004.
Michael, Youssef, *Liderazgo al estilo de Jesús*, Libros Clie, Barcelona, 1988.
Luciano Jaramillo Cárdenas, *Jesús ejecutivo*, Editorial Vida, Miami, Florida.

12. William Barclay, Marcos, El Nuevo Testamento Comentado, p. 17, Editorial Sudamericana, S. A., Buenos Aires, Argentina, 1995.

13. William Barclay, Lucas, El Nuevo Testamento Comentado, p. 46, Editorial Sudamericana, S. A., Buenos Aires, Argentina, 1995.

14. William Barclay, Mateo I, El Nuevo Testamento Comentado, p. 90, Editorial Sudamericana, S. A., Buenos Aires, Argentina, 1995.

15. T. Levit, Reflexiones en torno a la gestión de empresas, p.187, McGraw Hill Interamericana de México, S. A. de C. V., México 1990.

16. Richard M. Nixon, Líderes, p.42, Editorial Planeta, Barcelona, 1988.

17. William Barclay, Mateo I, El Nuevo Testamento Comentado, p. 382, Editorial Sudamericana, S. A., Buenos Aires, Argentina, 1995.

Capítulo 7 Visión transformadora para la 4.ª Revolución Industrial

1. Edwin A. Locke, The Prime Movers, AMACOM, New York, 2000.

2. Mark Hurd y Lars Nyberg, The Value Factor, p. 19, Bloomberg Press, Princeton, Nueva Jersey, 2004.

3. Denis Waitley, Empires of the Mind, p.11, William Morrow and Company, Inc., Nueva York, 1995.

4. Julia Slone, Learning to Think Strategically, p. 209, Butterwordh-Heinemann, Burlington, Mass. 2006.

Capítulo 8. Misión para hacer innovación y crear valor

1. Brian Dumaine, Why Do We Work?, Fortune, diciembre 26, 1994.

2. Idris Mootee, Design Thinking for Strategic Innovation. What They Can't Teach You At Business Of Design School, p. 59, John Wiley & Sons, Inc. Hoboken, New Jersey, 2013.

Capítulo 9 El Sermón del monte llega a la 4.ª Revolución Industrial

1. William Barclay, Marcos, El Nuevo Testamento Comentado, p. 344, Editorial Sudamericana, S. A., Buenos Aires Argentina, 1995.

2. William Barclay, Mateo, El Nuevo Testamento Comentado, p. 312, Editorial Sudamericana, S. A., Buenos Aires, Argentina, 1995.

Capítulo 10 Singularidad tecnológica o Singularidad bíblica

1. Matt Velea, How A.I. is Transforming Our World, Time Special edition, p. 5, 2016.

2. Kai- Fu Lee, ALI Super-Powers China, Sillicon Valley and the New World Order, p. 4, Houghton Mifflin Harcourt Publishing Co., New Yok, 2018.

3. Martin Ford, Rise of The Robots, p. 230, Basic Books, New York, 2013.

4. Murray Shanaham, The Technological Singularity, p. xviii, The MIT Press Essential Knowledge Series, Cambridge, Mass., 2015.

5. Ray Kurzweil, La singularidad está cerca, Capítulo 1: Las seis eras, pos. 292, Lola Books, GbR, Berlín, 2012 (e-book, kindle).

6. Ray Kurzweil, op. cit., pos. 292.

7. Ray Kurzweil, op. cit., pos. 604.

8. Ray Kurzweil, op. cit., pos 2969.

9. Irvin John Good, Speculations Concerning The First Ultraintelligent Machine, (1966), Tom Rochette tom.rochette@coreteks.org, blogtomrochette.com

10. Vermor Vinge, The Coming Technological -Singularity: How to Survive in the Post-Human Era", VISION-21 Symposium, patrocinado por Lewis Research Center de la NASA y el Ohio Aerospace Institute, marzo 1993.

11. Brigette Hyacinth, The Future of Leadership, Rise of Automation, Robotics and Artifitial intelligence, p. 144.

12. John Macarthur, Porque el tiempo sí está cerca, p. 9, Editorial Portavoz, Michigan, U.S.A:, 2007.

BIBLIOGRAFÍA GENERAL

Ajay Agrawal, Joshua Gans, Avi Goldfarb, Prediction Machines, The Simple Economics of Artificial Intelligence, Harvard Business Review Press, Boston, Mass., 2018.

Amy Webb, The Big Nine, How the Tech Titans & Their Thinking Machines Coud Warp Humanity, Public Affairs, New York, 2019.

Amy Webb, The Signals Are Talking, Public Affairs, New York, 2016.
Anthony Seldon, The Fourth Education Revolution, The University of Buckingham Press, 2018.

Andrés Oppenheimer, ¡Sálvese quien pueda!, El futuro del trabajo en la era de la automatización, DEBATE, Penguin Random House, Grupo Editorial, México, 2018.

Antonio Cruz, A Dios por el ADN, Editorial Clie, Barcelona, España, 2017.

Augusto Cury, El hombre más inteligente de la historia, Editorial Océano de México, S.A. de C.V., México, 2018.

Brigette. Hyacinth, The Future of Leadership, Rise of Automation, Robotics and Artifitial intelligence, USA, 2017.

Byron Reese, The Fourth Age, Smart Robots, Conscious Computers, and The Future of Humanity, Atria Books, Simon & Schuster, Inc. New York, 2018.

Calum Chace, The Economic Singularity, Artificial Intelligence and the Death of Capitalism, Three CS Publishing, USA, 2016.

Charles B. Thaxton, Walter I. Bradley, Roger L. Olsen, The Mystery of Life's Origin: Reassessing Current Theories, Allied Books Ltd. 1984.

Charles C. Manz, The Leadership Wisdom of Jesus, Practical lessons for Today, Berrett-Koehler Publishers, Inc., San Francisco, Cal., 1998.

Charles C. Manz, The Wisdom of Solomon at Work, Berrett-Koehler Publishers, Inc., San Francisco, Cal., 2001.

Chris Skinner, Digital Human, The Fourth Revolution of Humanity Includes Everyone, John Wiley & Sons Ltd., United Kingdom, 2018.

Dan Senor y Saul Singer, Start-Up Nation, La historia del Milagro Económico de Israel, Alcobendas, Madrid. 2012.

David Dunne, Design Thinking at Work, University of Toronto Press, Canada, 2018.

Davi Weinberger, Everyday Cahos, Technology, Complexity, and How We're Thriving in a New World of Possibility, Harvard Business Review Press, Cambridge, Mass. 2019.

Denyse O'Learly, ¿Por Diseño o por Azar?, El origen de la vida en el universo, Editorial Clie, Barcelona, España, 2011.

Edmund Phelps, Mass Flourishing, How Grassroots Innovation Created Jobs, Challlenge, and Change, Princeton University Press, New Jersey, 2013.

Evis L. Carballosa, Génesis. La revelación del plan eterno de Dios, Editorial Portavoz, Gran Rapids, Mich., 2017.

Fabián Martínez Villegas, Administración Estratégica Inteligente, Instituto Mexicano de Innovación y Estrategia, A.C., Publicaciones Administrativas y Jurídicas, S.A. de C.V., México, 2017.

Gerald L. Schroeder, Genesis and the Big Bang, The Discovery of Harmony Between Modern Science and the Bible, Bantam Books, USA, 1990.

Henry M. Morris, Scientific Creationism, Master Books, Ins., Institute for Creation Research, Green Forest, AR., 2000.

Idris Mootee, Design Thinking for Strategic Innovation, What They Can't Teach You at Business or Design School, John Wiley & Sons, Inc., Hoboken, New Jersey, 2013.

Kai-Fu-Lee, AI Super-Powers: China, Sillicon Valley, and The New World Order, Houghton Mifflin Harcourt, New York, 2018.

Jamses Barrat, Nuestra invención final, La inteligencia artificial y el fin de la era humana, Ediciones Culturales Paidós, S. A. de C. V. México, 2009.

John MacArthur, Doce hombres comunes y corrientes, Cómo el maestro formó a sus discípulos para la grandeza y lo que Él quiere hacer contigo, Editorial Caribe, Inc. Nashville, TN, 2004.

Jeanne Liedtka, Randy Salzman, & Daisy Azer, Design Thinking for the Greater Good, Columbia Business School, Publishing, New York, 2017.

John Macarthur, Porque el tiempo sí está cerca, 9, Editorial Portavoz, Michigan, U.S.A., 2007.

John H. Sailhamer, Genesis. The expositor's Bible Commentary. 1920, Grand Rapids, Zondervan Publishing House 1990.

Julia Slone, Learning to Think Strategically, Butterwordh-Heinemann, Burlington, Mass. 2006.

Edwin A. Locke, The Prime Movers, AMACOM, New York, 2000.

Erik Brynjolfsson, Andrew McFee, The Second Machine Age, Work, Progress, and Prosperity in a Tome of Brilliant Technologies, W.W. Norton & Company, Inc., New York, 2014.

Klaus Schwab, The Fourth Industrial Revolution, Crown Business, New York, 2017.

Klaus Schwab, Shaping the Fourth Industrial Revolution, World Economic Forum, Geneva Switzerland, 2018.

Kepler J. Astronomía Nova, A Dios por la Ciencia, Lumen, Barcelona. 1947.

Kevin Kelly, New Rules for the New Economy, Penguin Putnam Inc., New York, 1998.

Lasse Rouhiainen, Artificial Intelligence, USA, 2018.

Luciano Jaramillo Cárdenas, Jesús Ejecutivo, Editorial Vida, Miami, Florida, 2001.

Marcus Du Sautoy, The Creativity Code, Art and Innovation in the Age of AI, The Belknap Press of Harvard University Press, Cambridge, Mass. 2019.

Nicholas J. Webb, The Digital Innovation Playbook, Creating a Transformative Customer Experience, John Wiley &b Sons, Inc, Hoboken, New Jersey, 2011.

Nicholas J. Webb, The Innovation Playbook. A Revolution in Business Excellence, John Wiley & Sons, Inc., Hoboken, New Jersey, 2011.

Mark Hurd y Lars Nyberg, The Value Factor, p. 19, Bloomberg Press, Princeton, Nueva Jersey, 2004.

Mark Skilton y Felix Hovsepian, The 4th Industrial Revolution, Responding to the Impact of Artificial Intelligence on Business, The Palgrave, Macmillian, Meriden, UK, 2018.

Martin Ford, Rise of The Robots, Technology and the Threat of a Jobless Future, Basic Books, New York 2015.

Michael, Youssef, Liderazgo al Estilo de Jesús, Libros Clie, Barcelona, 1988.

Nicholas J. Webb, The Innovation Playbook. A Revolution in Business Excellence, John Willey & Sons, Inc., Hoboken, New Jersey, 2011.

Paul R. Daugherty, H. James Wilson, Human + Machine, Reimagining Work in the Age of AI. Harvard Busines Review Press, Boston, Mass., 2018.

Machine, Pedro Domingos, The Master Algorithm, How the Quest for the Ultimate Learning Machine Will Remake our World, Basic Books, New York, 2015.

Peter H Diamandis, Stevem Kotler, Bold, How to Go Big, Create Wealth, and Impact the World, Simon & Schuster, New York, 2015.

Ray Kurzweil, La singularidad está cerca, Lola Books, GbR, Berllin 2012 (e-book, kindle).

Rowan Gibson, The e Lenses of Innovation., A Power Tool for Creative Thinking, John Wiley & Sons, Inc. Hoboken, New Jersey, 2015.

Santa Biblia, Antigua versión de Casiodoro de Reina, Revisión de 1960, Sociedades Bíblicas de América Latina, 1960.

Steven Silbiger, The Jewish Phenomenon, Longstreet Press, Atlanta, Georgia, 2000.

Sunshine Ball, Daniel y el Apocalipsis, Editorial Vida, Miami, Florida, 2000.

Thinking Strategically, Pocket Mentor, Harvard Business Press, Mass. 2010.

Thomas A Stewart, The Wealth of Knowledge, Intellectual Capital and the Twenty-First Century Organization, Bantam Doubleday Dell Publishing Group. Inc., New York, 2001.

William A. Dembsky, Diseño inteligente, un puente entre la ciencia y la tecnología, Editorial Vida, USA, 2005.

ACERCA
DEL AUTOR

ESTUDIOS

Hizo sus estudios en la Escuela Superior de Comercio y Administración, I.P.N., en donde obtuvo su título profesional de Contador Público. Posteriormente cursó los programas de posgrado, obteniendo los grados académicos de maestría y doctorado en ciencias administrativas. También ha hecho estudios en el extranjero, en la Universidad de Susex y en London Business School, en Inglaterra.

En el tema de creatividad e innovación, estudió en la Fundación para la Educación Creativa de la Universidad de Búfalo, tomó cursos con Edward de Bono, una de las mayores autoridades en el tema de creatividad a nivel mundial, de la Universidad de Cambridge y con William Gordon, profesor de la Universidad de Harvard y autoridad en teoría sinéctica.

Ha sido profesor visitante con fines de estudio e investigación sobre innovación, en empresas de Alemania, Estados Unidos y China.

EXPERIENCIA PROFESIONAL

Se inició en los despachos de Álvaro Iñigo Esquerra y Roberto Macías Pineda, S.C., Castillo Miranda y Anduaga, S.C, Mancera Hnos y Arthur Young, y otros, en auditoría y consultoría. En el Despacho Eduardo Pérez Gavilán, S.C., como gerente de consultoría en negocios. Director general en Comunicología Aplicada de México, S. A. de C.V., empresa de comunicación y mercadotecnia, con clientes como Pedro Domecq, Banco Nacional de México, S. A., Secretaría de Gobernación, Televisa, Departamento del Distrito Federal y otras de importancia.

En 1986 funda su empresa Comunicaciones para Alta Dirección, S.A. de C.V., firma de consultoría en áreas de mercadotecnia, comunicación y desarrollo gerencial, teniendo entre sus clientes a grupo Servicio Panamericano de Protección, S. A. de .V., en la que desarrolla programas de mercadotecnia, ingeniería de servicios (calidad en el servicio), planeación estratégica y de comunicación, experiencias que fueron plasmadas en el libro de Ingeniería de Servicios para Crear Clientes Satisfechos, editado por McGraw-Hill/Interamericana de México, S.A. de C.V. que alcanzó ventas de más de 170 mil ejemplares y traducido al inglés. Otros clientes fueron PEMEX, (programas de creatividad e innovación aplicada a la seguridad industrial), Bancomer, Comisión Nacional de Aguas, Colegio de Contadores Públicos de México, A.C., Grupo Besser y numerosas empresas medianas y pequeñas.

EXPERIENCIA ACADÉMICA

Ha sido profesor a nivel de licenciatura, maestría y doctorado en la Escuela Superior de Comercio y Administración, I.P.N. Escuela Superior de Economía, I.P.N., Facultad de Comercio y Administración, UNAM, Centro Nacional de Enseñanza Técnica Industrial, Colegio e Instituto de Contadores Públicos de México, A. C. y en otras instituciones.

Impartió programas de desarrollo gerencial en Centro y Sudamérica, por la Agencia Internacional de Desarrollo, a través de los centros de productividad de cada país. Ha impartido cursos y conferencias en el mayor número de colegios del interior de la República Mexicana, afiliados al Instituto Mexicano de Contadores Públicos de México, A. C., en asociaciones profesionales y empresariales, congresos internacionales y empresas tanto del sector privado como público, en México y en el extranjero.

OBRAS ESCRITAS

Ha escrito 20 libros, entre los que destacan El ejecutivo en la empresa moderna, El C.P. y la auditoría administrativa, Cómo desarrollar la creatividad gerencial, Planeación estratégica creativa, Reingeniería de procesos de negocios, La Biblia manual de excelencia gerencial, La Biblia el tratado de liderazgo efectivo, Planeación estratégica personal, Ingeniería de servicios para crear clientes satisfechos, Las nuevas dimensiones del contador público, Auditoría estratégica, Administración estratégica inteligente, La Biblia en la Innovación para la 4ª revolución industrial y ha escrito más de 200 artículos en revistas especializadas.

DESEMPEÑO PROFESIONAL Y ACADÉMICO EN LA ACTUALIDAD

Presidente del Instituto Mexicano de Innovación y Estrategia, institución dedicada a la investigación y difusión de la innovación en México. Director del Centro en Innovación de Negocios, ESCA Tepepan, I.P.N.

Ha desarrollado un programa y modelo de innovación para crear valor, dirigido a las empresas en México, El programa fue investigado y desarrollado tanto en México como en instituciones del extranjero, habiendo diseñado contenidos, textos, manual de trabajo, metodología y plataformas propias que lo hacen único en el país, en virtud de que está dirigido al desarrollo de capacidades y habilidades para la innovación, aplicadas a procesos, productos, servicios, modelos de negocios, cadenas de valor y en general en cualquier área de las organizaciones. Incluye el tratamiento de las nuevas tecnologías exponenciales -inteligencia artificial, robótica, internet de cosas, y otras- que son propias de la 4ª Revolución Industrial, y elementos fundamentales para la generación de innovaciones disruptivas.

Profesor en la Escuela Superior de Comercio y Administración, Unidad Tepepan, I.P.N:, en maestría en administración de negocios, en el posgrado virtual y diplomados en innovación. Imparte cursos y conferencias en México y en el extranjero, sobre temas de la 4ª Revolución Industriar, administración y planeación estratégica, creatividad e innovación, desarrollo personal, liderazgo y gerencia en general.

La BIBLIA en la INNOVACIÓN

para la
4ª Revolución Industrial

... para responder a los desafíos
de la nueva era industrial.

1ª edición

Diseño y formación:
Lic. Miryam Cervantes Cervantes

Made in the USA
Columbia, SC
26 February 2023